核廃棄物は人と共存できるか

マルチーヌ・ドギオーム 著
桜井醇児 ル・パップ・ジャン＝ポール 訳

緑風出版

LA DIGNITÉ ANTINUCLÉAIRE

Essai sur les déchets radioactifs

by MARTINE DEGUILLAUME

核廃棄物は人と共存できるか・目次

目次

核廃棄物は人と共存できるか――マルチーヌ・ドギオーム

地図1　本書に述べられているフランスの主な原子力関係諸設備の所在地と原発の所在地

原発名の後の（　）内の数は、各所在地における原発の基数である。合計19ヵ所の所在地の内、5ヵ所は海岸沿い、11ヵ所は河川沿いである。フランスの原発は空冷方式なので、日本のように水冷のための水を必要とはしていない。とすれば、施設の放射性汚染の排除・除去などの便宜を念頭に立地されたのであろうか？　内陸部には3ヵ所の所在地があるが、これらはベルギーとドイツの国境沿いである。迷惑施設はできるだけ他国の近くに建設しようとする露骨な意図がこの地図に現われている。

地図2　本書に述べられているフランスの放射性廃棄物の処理施設の所在地

○ ラ・アーグ
使用済み核燃料再処理工場及び、
ラ・マンシュの低・中レベル放射性廃棄物貯蔵センター

○ マルクール
使用済み核燃料再処理工場

○ スレヌ・デュイ
低・中レベル放射性廃棄物貯蔵センター

○ ビュール
粘土層深地下研究所
（高レベル放射線廃棄物埋設予定地）

日本語訳の出版に寄せて

Préface de l'édition japonaise

親愛なる日本の読者たちへ。私は日本の前衛ダンス「舞踏」(訳注一)について良く知ってはいません。

このダンスがはっきりとした形をとったのは、広島と長崎の被曝の後であるということを私は人から伝え聞きました。

歴史において、恐怖の極致においても、しばしば人間性の片鱗が残っています。そのことを見い出す人がいれば、その人は必ず涙を流し、その人自身の現状を否定するということになると思います。

もう一度考え、もう一度想像し、創造し、ダンスをすることは恐怖を生き延びてこそ可能となったのではないでしょうか?

恐怖を直視することがダンス「舞踏」なのではないでしょうか?

もう一度生き返るためには、恐怖を直視することが必要だったのではないでしょうか?

現代の世界は、ネガティブなもの、否定的なものの根の深さを見定めようとはしておりません。原子力を現に推進する人々は原子力の現実を直視しようとはしておりません。私がこの本の中で意図したことは、私のやり方で現実を直視すること――「舞踏」のダンサーたちが彼等のやり方でそうしたように――なのです。

マルチーヌ・ドギオーム

(訳注一) 土方巽氏とそのグループによる前衛的ダンスのことである。土方氏は、氏の故郷の厳しい東北の田舎で執拗に生きる人々や、地を這う泥だらけの身体が発する生命のメッセージを極めて強烈に表現した。優雅さと美しさとを追求する西洋の古典バレーの対極に位置している。また、氏の関心は政治や社会に向けられ、抽象へと片寄ったものではない。原爆や六〇年安保闘争など、日本を揺るがせた出来事を通過し、その大きな意味を受け止めることによって、氏は独自性を切り開いたのだ。原爆や六〇年安保闘争などの経験を通過してその中から氏が獲得したものが、前衛ダンス「舞踏」における氏の強烈な表現を可能をしているに違いないと思われる。

ジャン＝ミッシェル・クデールの思い出に捧げる

マルチーヌ・ドギオーム

まえがき

Avant-propos

「ベルビル町のラルブル・オ・モン(訳注一)が放射性廃棄物の貯蔵所あるいは埋設所になることに決定された」という突然の告示がなされた。忙しい日常生活を過ごしているあなたは大変、驚くであろう。あなたは偶然にもちょうどその場所に住んでいるのだ。あなたは一体どうするだろうか?

最近、「経済のことしか頭にない人種」が増えているのは残念であるが、あなたがこの人種に属さない限り、あなたは「それは困る。私が放射性廃棄物の横に住むなど受け入れられない。それは子供達にとっても困る」と言うだろう。あなたの隣人達も、もし「経済のことしか頭にない人種」でなければ同じように言うだろう。

なすがままにされまいと決心して、あなた達は拒否の意を伝えるためにおそらく同盟を組織するだろうし、また、もっと勇気のある人は、どうしてこのような事態が起こったのかを理解するために、官報の判読に取りかかるだろう。同盟の最初の集まりで、あなたはこのような土地の侵略に対して抵抗することを宣言し、意見のはっきりしていない住民をあなたの旗の下に結集させようと努力するだろう。このために、あなたは説得力のある論拠を模索するだろう。

あなたの行動は注意深く当局から監視され、同志を集めようと活動しているあなたの周りには、この計画の見えざる推進者によって派遣された交渉役の「説得人」たちが、集まってくるだろう。「説得人」とは、立派な技術者、この計画に責任を負う学者や魅力的な広報担当の諸先生達のことである。彼等は、すべては完全に計算されており、なんの心配にも及ばない、確かに過去には放射能漏れの不手際もあったが、実験を行ない、あらゆる危険に対して万全の対策がほどこされていると、あなたに説明するだろう。このように言われると気持ちが動揺するが、しかし説得されるわけではない。中には、推進者の論拠を一つ一つ反論することに専心する勇気ある者も現われるだろう。「説得人」達は再度やってきて、進歩に対する保守主義、公益に対するエゴイズム、合理主義に対する非合理的な反啓蒙主義などについて語るだろう。「過去には、鉄道に対して恐怖を抱いた人もいた」などと。

民主的にことを運ぶことを目的として、あなた達の同盟を尊重すると称しながら「確かに私たちの提案は完全ではないでしょうが、ではその代わりにあなたはどのような提案をされるのでしょうか?」というジレンマを持ちかけてくるだろう。

あなたたちはこのような問いを受けるとは思いもしなかった。しかし、尊重されたことを無視するわけにもゆかず、返答はしなければならないだろう。放射性廃棄物は現に存在していて、これを何とか処理せねばならないことも事実であろう。公聴会の罠は強まり、あなたの同盟の代表者のうちに、非常に技術的な対話を続ける能力ある者が現われ、一つの解決案を提案するということになる。

しかし、親愛なる読者の皆さん。あなたはいまだ非合理的な不安を拭いきれないままであり、恐らくこのような事態の経過にはついて行けないものを感じておられることだろう。このように言いくるめられた理屈ではなく、あなたの確信こそが真実であり、これが勝利しなければならないとあなたは感じている。何百万年にわたって放射性廃棄物の毒を埋設するためにあなたの子供たちの足元に穴をうがつのを見るのは許せないし、もしそれを許せば、うまく表現できない何か大切なものを失うことになると感じている。話題の町の名を聞いたこともなく、あまり遠いとは言えない場所で稼動している原子力発電所についても不安を抱いたことがない親愛なる読者もおられるであろう。しかし、あなたたちも原子力発電所の奇妙な威力に対して漠然とした戦慄を感じないわけにはゆかず、廃棄物という名の臭気を許容するわけにはゆかないのではなかろうか?

この許容することができないものの正体を明瞭に言い表わす言葉を求めて、私たちは考察を始める必要がある。

テクノクラートたちの凍りついた冷淡さと、科学の創造者たちの熱意に満ちた誇大妄想の間のどこかには、私たちにとって証拠だてたり、示してみせたりする必要もない冷静な価値が隠れて存在していることを私たちは感じている。私たちは一体どのような存在であり、どうありたいのかという昔からの疑問を今一度問う必要がある。すべてのことを管理し尽し、すべてのことを知ろうとする前に、私たちが許容しようとすること、着手しようとすることが、人間の尊厳につながるものなのか、人間を貶めるものなのかを知ることが必要なのだ。

科学技術の手管であるブルトーザーによって、私たちのかけがえのない生活の場所で私たちをが押し潰されて、「望ましからぬ人物」に変身させられぬ前に……

（訳注一）ベルビル町のラルブル・オ・モンと云う名の村は実存の村ではない。この地名は例えば「吉村町山木」と云った極くありふれた地名の代表として使われたのであり、このようなありふれた寒村で、突然、放射性廃棄物の埋没地の公示がなされたとして話が始まっている。

第1章

放射性廃棄物に関する毒あるいは偽瞞

Des jusquiames ou des supercheries sur les déchets nucléaires

毒で満たされた海の前に
ふさわしくもなく引き出された正義よ

ルネ・シャール(訳注一)

非常に様々な領域で今、人間の判断が憂慮すべき退化を起こしている。人の判断の首尾一貫性はいくつかの研究事項として分解され、意見は断片として切断・加工され包装されている。人の判断の明白さと直截さは言及されないものとなった。現代人は科学技術の矛盾と非道理に正面から対峙することを恐れて、科学技術が害毒を現に生んでいることを認めることができなくなっているのだ。だからこそ、私は原子力の危険な現実について述べ、特にその放射性廃棄物の危険性の明白な証拠について早速、言及しよう。

初期の原子力研究は軍事研究としてスタートしたのだが、当時、放射性廃棄物の問題についてては明らかにはされていなかった。当時の科学者は原子力の発見に狂喜し、広島と長崎の原子爆弾のニュースを「科学の大きな成果」として歓迎した。一九五四年、アメリカはビキニ環礁で原水爆実験を行なったが、これを記念して、新しいデザインの海水着をビキニと名付けるまでにこの熱狂は進行した。原爆による大虐殺に対して、またビキニ島の被爆者の追放に対して憤慨・抗議する声は、フランスでは当時きわめて少なかった。(訳注一)

放射性廃棄物が問題になった時にも、似たり寄ったりのきわめて楽観的な見通しにたつものであった。「企業や医療のために大量の放射性元素の使用法が発見されることもありうるので、放射性廃棄物は孤立した貯蔵庫に貯蔵しておけば後年、大いに役立つであろう(原注一)」と。

当時、頭皮のしらくもにかかった子供に対して放射線照射が行なわれていたし、放射性湯治や長期間のX線照射をする治療法も行なわれており、あらゆる腫瘍に場所さえ許せばラジウムの針を埋め込む治療法も行なわれていた。放射性廃棄物は問題にもなっていなかった。「今や（一九六二年）、放射性物質の溶液をそのまま流して捨てたり、地中に埋め込んだり、海に捨てたりすることは、日常的な習慣となっている。最も簡単には、近隣の土壌を長期にわたって汚染する危険のないように、放射性物質を含む溶液を土で濾過させて捨てている(原注二)」。

放射性廃棄物の管理の観点からすると、無知と取扱いの軽率さは詐欺的でさえある。「ルテニウムは物に非常に付着しにくい性質があり、これを土壌に投棄すると地下水脈まで到達してしまうので、放射線が常時測定され検査されている。ハンフォードの原子力工場ではこの土壌濾過による放射線除去の方法は十分なものであることが判明した。十年間にわたって、何十万キュリーもの核分裂生成物を含む一〇億リットルの放射性水溶液が流されたが、近所に汚染を起こすことはまったくなかった」(原注三)（えっ！）と報告されているのである。

このような偽瞞を語ることは現在では不可能になっており、ハンフォード工場の汚染はアメリカの原子力に関する最もどす黒い秘密の一つであったことが明らかとなっている。もっと上手に、注意深くやらなければならないのだ。そこで、ANDRA(原注四)（フランス放射性廃棄物管理庁）は一九七七年以来の「事故」によって、ラ・アーグ工場の土壌で五万キュリーの放射性廃棄物の紛失（微妙な言い回し！）が起きていることを、一九九三年になって認めたのだ。ANDRAはこのことをすぐには発表しなかった理由を追及され、「誰からも質問を受けなかったからである」(原注五)と答えた。

ド・ゴールが一九四五年にCEA（原子力庁）を作った時にも、一九五八年にマルクールのプルトニウム工場が作られた時にも、放射性廃棄物の問題は存在していなかった。ラ・

アーグ工場が建設されたのも、放射性廃棄物を管理するためではなく、原子力発電所の使用済み核燃料からプルトニウムを抽出するためであった。

一九七四年の時点では、放射性廃棄物の貯蔵には水の入った中程度の大きさの二つのプールで十分であろうと考えられており、(原注六)その体積はフランス人一人当たりに換算してアスピリン一錠程度なので、心配するには及ばないとされていた。(原注七)

海、海洋に大量の放射性産業廃棄物を投棄した後、「政治的配慮から、また、世界遺産の保存の観点から」（えっ！）その正当性が懸念された。(原注八)その結果、政府と環境保護主義者たちは協定を結んだ。かくして、イギリスは国際的な合意の下に一九八七年七月、低レベル放射性廃棄物二万四〇〇〇トンをフランス環境大臣の目の前で、ガスコーニュ湾に新たに投棄した。(原注九)フロリダでは、サラトザ行政区域の責任者は一九九〇年十月、一日当たり一二〇万ガロンの放射性水溶液をメキシコ湾に投棄することを環境保護委員会に認めさせようと努力した。(原注一〇)

実際には、原子力産業は産業流通が閉塞しており、たとえて言えば、便秘現象を起こしている。これで死なないためには、産出した放射性廃棄物の巨大な蓄積を何とか処置しなければならない。そこで、世論に受け入れられるように核燃料サイクルを「閉じる」ことができるように見せることが問題となる。

この「閉じる」という言葉を関連の役人が使う時には、いったんこのサイクルができると、あらゆることが解決すると信じ込ませてしまう働きがある。しかし、これはとんでもないごまかしであり、核燃料サイクルの永続する螺旋的構造は完全に閉じており、問題になるのは最初の一周だけであると思うように仕向けているのだ。もうすこし控え目なごまかしは、低レベル放射性廃棄物の拡散である。これについて説明しよう。高レベル放射性廃棄物は深い地質層に埋設されることになっている。これに対して量の多い低レベル放射性廃棄物は、経済の観点からも映像の社会の観点(訳注三)からも地中に埋設するには及ばない。そこで、低レベル放射性廃棄物はリサイクルされ、拡散されようとしている。放射性廃棄物に対する規制措置免除のしきい値を定めて、この値以下の放射性廃棄物を拡散させる方法が実行されている。放射性元素の濃度がある一定値以下の物質は、これを放射性廃棄物としては扱わないのだ。その濃度以下では、放射性廃棄物に対する規制適用外の放射線汚染ということになる。そのような材料としては、使用中止となった核施設からの鋼や鉄材が主である。これらの材料は商売の対象となり、家庭用品あるいは一般用品の製造のためにリサイクルされて使用され、この使用者を放射線被曝させる。(原注一二)あるいは使用価値のない材料の場合には通常の廃棄物として放置され、散逸されることになるが、これは「技術がもたらした自然放射線の増加」(原注一二)という扱いを受けることになる。また権威すじでは、地中に埋設された高レベル放射性廃棄物がずっと後の世紀になってから地表に現われてくることもあるだろうと認めているのだが、このために起こる被曝と汚染について口にするのは注意深く避けている。低レベル放射性廃棄物のこのような管理から派生する、一般人に与える汚染、直接被曝に触れることはすっかり忘れられているのである。

これは度し難い無責任さに由来するものなのか、あるいは必要な偽瞞なのであろうか？　いろいろな報告書に目を通すと、その辺りの事情が明らかとなり、追加情報を与えてくれる……

放射性元素の拡散は今やすでに紛れもない事実である。地球全体が核実験による大気圏内の放射性降下物により汚染されている。一九四五年以降、核保有諸国は一八六〇回以上の核実験を行ない、その内五二一回は大気圏内の実験であった。テクノクラートたちはこの放射性降下物を特別扱いして、核廃棄物としては算定しないのであるが、それならばいったい何になると言うのであろうか？

軍事核廃棄物は秘密事項であるので、これも算定外である。高官は否定しているが、軍事核施設であるマルクール工場がローヌ川をプルトニウムで汚染したことは事実である。(原注一三)またアメリカのハンフォード軍事施設では一九四四年から一九四九年にかけて、五一万五〇〇〇キュリーのヨウ素一三一を故意にもしくは事故で放出したが、(原注一四)このことについて米軍は発表していない。ブルイエール・ル・シャテール施設(訳注四)はパリから三〇キロメートルしか離れていないのだが、ここでも一九八六年から一九八七年にかけて何千キュリーにも及ぶトリチウムを放出した。(原注一五)しかし、このことについてもフランス軍は発表していない。これは実験としてなされた可能性もある。

フランスのラ・アーグやイギリスのセラフィールドのような操業中の放射性廃棄物の再処理施設や原子力発電所では、必然的にわれわれの生活圏に放射性の廃液と廃ガス(ヨウ素一三一、セシウム一三七、トリチウム、クリプトン八五など)を放出している。

フランスのウラン鉱山には、ウランを一次採掘した後の四五〇〇万トンの残滓が残っている。世界中ではこの残滓は四〇億トンになっているが、この核廃棄物は世界中に散逸されている。フランスでは「忘れられた」核廃棄物についてのスキャンダルが起きて、その報告を責任者に要求する決定がなされた。エソンヌ県のサントーバン(セメントのブロックのすき間からプルトニウムや放射性汚泥などが漏出した）、エソンヌ県のイットビル（ウラン抽出工場の廃棄物が土壌と空気をラジウム汚染した）、オート・ビエンヌ県のベッシヌ（一七万五〇〇〇個の放射性汚染された樽が鉱山の残滓のなかに埋設された）などはそのうちで最も明らかになった事例である。

このように大量の放射性廃棄物は「忘れられること」によって、あるいは報告されないことによって「管理」されている。また、放射性汚染の異なるカテゴリーを設け、その分類がなされる。この分類はあまり具体的ではなく、そのために現実に予期しない問題を引き起こすことがある。

ウラン燃料棒とその被覆管は、燃料使用後は核サイクルの最終的な廃棄物とみなされていた。しかし、軍事要求からプルトニウムの市場ができ上がったので、使用済み燃料棒から（燃焼中に産出し、その中に溜めこんでいる）プルトニウムを抽出することになった。ラ・アーグ核燃料再処理工場はこの目的で作られたものである。しかし、使用済み燃料の再処理は大量の放射性廃棄物を作り出す。

カテゴリーAの低レベル放射性廃棄物は低濃度のプルトニウムしか含まないものである

（付録1参照）。これがオーブ県のスレーンにある低レベル放射性廃棄物貯蔵所に受け入れられる条件である。しかしこのカテゴリーの放射性廃棄物にはCEAによる最大値としての算定(原注一六)に比べて更に十倍のプルトニウムが含まれていると判定された。そうなるとこの貯蔵所の安全規則外の廃棄物を実際に受け入れていたことになる(原注一七)。

低および中レベルの放射性廃棄物からプルトニウムの抽出がなされずに貯蔵所に大量に積み重ねられれば、何百年後には、平方メートル当たりにして使用済み核燃料棒を上回る放射線量の貯蔵量となるかもしれず、重大な危険性を持つこともありうる(原注一八)。

もしカテゴリーAとBに属する低および中レベル放射性廃棄物に対する放射線防護の現行の基準が遵守されなければならないならば、実施不可能な対策を施す必要が生じることになるだろう。かくして「現在の作業者一人当たりの放射性被曝が十倍にもなるような、未来の住民のための放射線保護の対策は考えるべきではない(原注一九)」ということになる。つまり、規定された対策をするためには労働者は大量の被曝をすることになるだろう……

過去に蓄積された放射性廃棄物に関する現行の対策はまだ未解決の問題を含んでおり、誤った見積もりに基づいて、放射能汚染に我々を巻き込み、また近未来の世代を巻き込むことになる。

放射性廃棄物の蓄積量の見積もりも十分明らかにされてはいない。

五年間にわたって、フランス各地の「望ましからぬ人物」たちは彼等の土地に対する放射性廃棄物貯蔵施設の進出を妨いできた。一九八七年には実験規模の貯蔵施設として、四カ所が指定された。しかし、そのおのおのの場所で執拗な闘争が起こった（付録2参照）。一九九〇年には、この予定地指定が凍結された。そして民主的手続きにゆだねることとなり、一九九一年十二月三十日には放射性廃棄物の管理に関するフランス最初の規則「バターユ」法が施行されることとなった。

議会でも討論がなされた。しかし問題の核心には触れられなかった。問題のごく一部分に関して討論がなされたのみであり、これさえも嘘だらけなのであった。「討議中に引用される数字はどれ一つ整合性がなく、異なっており、現存する放射性廃棄物の量の正確で信頼できる明細目録はないということを明らかにするものでしかなかった。産業大臣の引用した数値は官報のミスで順番が逆に（エッ！）なっていたのだとすれば、カテゴリーCの高レベル放射性廃棄物の量は一九九〇年時点で三万五〇〇〇立方メートルとなる。ところが、二〇〇〇年時点では三〇〇〇〇立方メートルだとする数値も発表されている。（原注二〇）

CFDT（フランス民主労働同盟）によると、核燃料サイクルの終末にどのような処置をするかを決めるための議会討論の直前に、核燃料サイクルの最終時点における放射性物質の明細表に関して議員をごまかすため、組織的な操作がなされたということである（原注二一）。

他方、国会における我々の代表のうちだれ一人として触れなかったのであるが、放射性廃棄物の算定の中で最も巨大な量として次のものがある。それは操業していた原子力発電所を廃棄・解体するときに生ずる放射性廃棄物である。「その量は施設が操業していた間に生じる放射性廃棄物の量に匹敵するものである」（原注二二）。だから、使用済みの原子力発電所を後年解体することによる放射性廃棄物を勘定に入れると、管理すべき放射性廃棄物の量は倍増することになる。

議員たちにとって原子力は、フランスのエネルギー源として避けることのできないものである。原子力発電所は三十年の操業の後、新しいものを建設することを条件に解体される。新しい原子力発電所も同量の放射性廃棄物を残し、これが次々と繰り返される。

その繰り返しを通して、低レベル放射性廃棄物は何度も繰り返していつの間にか小川の近くで放出され、散逸させられる。そして放射線を帯びた金属がラジエーターや電気自動車の材料としてリサイクルされる……

議員たちは、指数的な急増カーブに注意するべきであった。しかし、彼等はその絶対値のみに気をとられて討論しており、この値にうそがあることを見抜けなかった。グロテスクで相変わらず果てしのない民主主義の茶番のパロディーである。

他方、フランスの核技術者たちは、使用済み核燃料からプルトニウムを抽出することに関心を吸い取られてしまっている。彼等はプルトニウムを軍事技術の市場の対象としてしまった。加えて、彼等は高速増殖炉スーパーフェニックスが地球上で一挙に花盛りとなるという十五年も前の宣伝を信じていた。プルトニウムを燃料として使用するこの増殖炉のために、一九九〇年にはプルトニウムの窮乏が起こるとさえ言いふらされていたのである。ところが事実は、これとはまったく違う結果となったことはよくご存じであろう。

実際には、「棚の上で余るほど溜まってしまった」プルトニウムをどうすればよいかという問題が起こっている。プルトニウムは放置すると劣化するという困った特性がある。原子力発電の燃料にプルトニウムを混入しようとする案（ＭＯＸ燃料案）が出された。しかし、通常の原子力発電はそのような使い方を考えずに設計されているので、もしＭＯＸ燃料を用いれば、当然のこととして安全性が低下することになる。しかし、ＭＯＸ燃料を用いても、本来の問題は一向に解決しない。「ＭＯＸ燃料ではプルトニウムを燃すのではなく、これを消滅させるわけでもなく、単に管理を先送りするだけだ」からである。「構うものか！最初のＭＯＸ燃料の再処理の問題に対処するまでにまだ十年間はある」(原注一三)。

このような暴言をはく管理責任者にとって問題とは一体何なのであろうか？　問題とは通常、討議して解決するべき問いを意味するはずである。ところが彼等にとっては問題は存在せず、十年間は討議の必要がない。知ることは予見することであるというのは古い格言に過ぎず、また、彼等が何も知らないのも事実であり、原子力の機械を運転するのには何も知らなくても構わないというのは明瞭な事実なのだ。重要なのは「アメリカと日本が積極的に参入している原子力技術の競争の先端を切り」(原注一四)、原子核種変換、すなわち長い半減期を持つ核種を短い半減期を持つ核種に変えることなどの研究計画を進めることなのである。しかし、この研究は現在のところ、多くの核種の中の一部の核種をきわめて少量だけ、莫大な経費をつぎ込んで変換させただけに止まっている。この方法で放射性廃棄物の問題を解決するという真面目な希望は、大臣に対する予算請求の書類の中だけであるというのが現実であろう。

ある人達は科学に信頼をおいている……この人達は六百年後の経済の観点から、プルトニウムだけでなくあらゆる異なった種類の元素を、使用済み核燃料からあらかじめ再処理して分離しておく必要があると信じている(原注二五)（付録4参照）。

高レベル放射性廃棄物のガラス固化による封じ込めも確実とは言い難い性格のものである。ＣＯＧＥＭＡ（フランス核燃料公社）とＣＥＡ（フランス原子力庁）の宣伝家たちは「われわれは黒曜石を作った」と言う。この人工石は経年試験では安定な物質であり、これに包まれて高レベル放射性廃棄物を世の中から隔絶することができるという。「しかし、実際にはこのガラスは地質学的な古い黒曜石ではなく、経年によってガラスの性質を失い、結晶化するその瞬間に割れてしまうことは良く知られている。放射性元素はこの結晶のなかには留まらない」。黒曜石から放射性物質は自由になり逃げ出すのだ。

地質学者マルセル・ビュリは「ガラス固化への期待は信頼を濫用するものである」と述べている。また、他の地質学者は「ガラスは良く理解できていない物質であり、五百年か千年も経てば、粉々に割れている可能性がある」と述べている。

もう少し謙虚なイギリスの学者によれば、彼等が提唱する（このガラス体を入れておくべき）炭素と鋼の容器は六十五年間あるいはもう少しは耐久するだろうとの期待が持てるそうである。

放射性元素の拡散に対して地質層が究極の防護壁になると期待を寄せる人もいる。人工防護壁にはあまり期待が持てない以上、地質層に対する期待は大きい。地質学者に、将来の世代に対する十分な安全性を保証することができないかとの期待が寄せられる。しかし地質学者の中にも、放射性廃棄物を地質層に埋設することが安全であると保証することには懐疑的な者がいる。「放射性物質の貯蔵に関して地質学はまだあまり科学的とは言えない段階である兆候があるのだ。データの欠乏、仮定の濫用、過度の単純化、頻出する新しい問題と新しい錯綜、確実さの欠如、意見の不一致、目標が揺らぐこと等々……。どの点で妥協すれば危険率を許容できることになるかを熟知している人間だと我々を当てにして欲しくはない」と彼らは言う。(原注二六)

ビュリも同じく懐疑的である。「平均すれば見通しの正確さは悪くはない。しかし、見通しが誤っている場合には、大災害を避けることはできないであろう……。我々の地域で起こった最近の事故の諸例では地質学が常に責められていることを覚えておかなければならない。それは当然というものだ。この学問の不正確さのおかげで、原子力技術者は彼等の責任から解放されているのだ。地質学者万歳！」(原注二七)。

彼はまた、岩盤の破砕の状態を調査する目的の掘削に言及して次のように述べる。「一見してその掘削は何のためにも役立たない。それにも拘わらずある役割を担っている。それは世論を欺き、放射性廃棄物の管理は責任のある人に委ねられ、科学が提供する考えられる可能な限りの、高価なあらゆる用心がなされているという考えを抱かせるのに役立つ」(原注二八)と。

地質学もまた結局のところ、さしあたり偽瞞の役割を担うものなのだ。

激しい論争を避けるためにのみ役割を担っている概念もある。馬鹿らしい責任者の返答について考えて見れば、そのことを納得できよう。たとえば、専門家たちが向き合って議論を続けている「可逆性」あるいは「絶対的な安全性」の概念である。

放射性廃棄物をずっと永遠に埋設するのはどこかに心理的なわだかまりがあり、廃棄物の深地下貯蔵施設を受け入れ難くさせる側面がある。そこで「貯蔵施設から再度廃棄物を取り出すことのできる可逆性」が取り沙汰されることになる。しかし、これは「廃棄物を永遠に隔離する絶対的な安全性」とは相容れない。バターユ法は現政府と未来の政府にもっとも毒性の強い放射性廃棄物を深い地質層に埋設する義務を追わせた。その五カ月の後には「安全基本規則」を発表し、「貯蔵期間後の安全を保証するために達成されるべき目標」を定義している等々。

カードを配って、そのカードを眺めた後にゲームの規則を決めるのである。現在と未来にわたって、その地区の住民に許容される基準値以上の放射線被曝をさせない目的で、複雑な方策、高級な仮定と技術とが施されている。

細心になされた馬鹿らしい方策が本来可能な判断を台なしにしてしまう。

このいいかげんな方策が実行され、放射線被曝の「許容基準値」の背後にある健康上の危険の根拠をできるだけ長期間にわたって隠蔽する。

（訳注一）ルネ・シャール（一九〇七～一九八八）フランスの詩人。第二次大戦中レジスタンスとして活躍の後、故郷の低アルプスの村でシュールレアリストの詩人として、またレジスタンスの詩人として、詩作を続けた。「打ち手のない槌」、「イプノスの紙葉」などの作品が知られている。各章の始めに「イプノスの紙葉」から引用されているルネ・シャールの詩がどのように本著に関連するのかについては、各章の議論を読んだ後になってからほのぼのと判明してくる。ドギオーム氏は、第二次大戦中のレジスタンスと放射性廃棄物の拒否には通じ合うものが通っていることを見抜いているのだ。

（訳注二）ベルベオーク夫妻著「チェルノブイリの惨事」（桜井醇児訳、緑風出版、一九九四年）にも、原爆投下を伝えるフランスの各新聞の熱狂ぶりを引用している。この中で、ノーベル賞受賞のジョリオ＝キュリーは、原爆の完成には同氏らの発見が大きな貢献をしたことを誇っている。また、これもノーベル賞受賞者であり量子力学の創始者の一人ド・ブロイは「原爆は人類を原子力時代に移行することを可能にした出来事である」とのコメントを寄せている。

（訳注三）マスメデアを用いて世論操作することが消費社会において重要な役割を果たしていることについては第二章で論じれらている。しかし、低レベル放射性廃棄物の地中埋設の映像をマスメディアが放映しても、これは彼等にとって宣伝効果の大きい映像になるとは期待できない。

（訳注四）ブルィエール・ル・シャテール施設は核兵器製造施設である。本書で話題とされるフランスの主な原子力関連施設の所在は本書の冒頭に掲げる地図1（8ページ）に図示している。

第2章

野蛮な専門家たち

La barbarie experte

どんな野蛮な専門家たちが明日
われわれをどうしようとするのか

ルネ・シャール

事故により、定常運転により、原子力施設から放射線が放出される。それが現在であっても将来にわたるものであっても、発表されるコメントは「それは基準値以下のものであり、現在も将来にわたっても住民には危険はありません」と、いつもお決まりのものだ。ところで公式にも認められているように、このコメントはごまかしだ。権威のあるCIPR（国際放射線防護委員会）さえも一九九〇年以来、その誤りを認めて次のように述べているのだ。

――その値以下であれば放射線被曝を受けても影響はないという放射線被曝のしきい値は存在しない。

――放射線被曝の基準値として勧告されている値は「許容できない」限度である。この基準値を、無害と危険性の境界線であるかのように考えるすれば、それは誤っている。（原注二九）それは「許容できない」ものと「辛抱できる」ものの中間域に引かれた境界線であると、今後理解されるべきものである（CIPR六〇）。

マリー・キュリーはその時代にしたがって、放射線（当時イオン化線と呼ばれていた）の利用は人類の健康と発展にとって有益なものであると考えていた。だが、彼女は放射線障害のために死亡した。（訳注一）

一九三四年には、職業上の強度の放射線被曝の影響を予防するため、それを超過してはならない被曝の限度を明瞭にすることが妥当であると考えられるようになった。放射線被曝によって紅斑、血液組成の変化、全般的な健康状態の悪化が生じ、労働者が長期にわたり欠勤することが起こっていた。許容できる放射線被曝の最大値は年間四六レムと設定された。ところがこの値は一九五〇年には一五レムに引き下げられた。一般住民の癌および遺伝障害に対して「許容値」が決められたのは、やっと一九七七年である。当時、年間〇・五レムでこの許容値に達するとされたのだが、一九九〇年以来、癌に関して、わずか〇・一レムで許容値を超す結果を引き起こすと考えられるようになった。

遺伝障害に対する許容値はほとんど変更されていないが、その許容値の見積もりが実際上困難であるからであろう。

蝿を対象とする研究ではあったが、ミュラーは一九六四年、独力で次に記する詳細な法則を明らかにすることができた。

――あらゆる放射線被曝はたとえ微量であっても突然変異を起こす。

――与えられた放射線被曝の影響は被曝期間には関係がなく、その合計量のみが問題となる。

――わずかな放射線被曝を繰り返し受けた場合にも、その影響が生殖腺のなかに刻印されることを避けることができない。

「避けることができない」という表現には注意する必要があろう。

放射線被曝が生物に対して疑いなく障害を起こすという、後に判明した事実を理解するためには、一九三四年においては確かに予言者である必要があった。しかしそれ以後いろいろの事実が明らかとなり、人為的に増加した放射能汚染のレベルがそれまでは許容できる範囲であると考えられていたとしても、次の世代には同じように許容できるものではなくなることは、現在専門家でなくとも理解できる。鉱山の放射性残滓、原子力発電所からの定常的な放射性廃棄物、故意または事故による放射性降下物、埋設予定の放射性廃棄物など、現在の原子力利用に由来する人類の健康衛生に与える損失額は非常に巨大であり、これを見積もることのできる人はいない。指数関数的に増え続ける放射性廃棄物を近い将来に取り除き、これを最終的に埋設することが必要となるが、そのことが人類の健康衛生に与える損害額を見積もることは更にもっと困難な課題であろう。

おのおのは基準値以内のこれらの放射線被曝が複合したとしても、最近増加しているアレルギー症状や自己免疫障害、非典型のマイコバクテリア症、後天的免疫不全症、それから放射線降下物に曝されている住民の全般的な知的水準の低下などとは無関係だと通常考えられている。しかし、この考えは誤っているというべきであろう。むしろ、これらの複合し増加している放射線被曝と、この世紀を蝕む全世界的な癌の増加とを切り離して考えるのは無分別というものである（付録3参照）。これもおのおの単独では許容できる範囲に抑制されてはいるように見えるのだが、空間を埋め尽くしている電波やマイクロ波、食品に加えられる硝酸塩添加物、疑わしい空気と水の処理、日常生活を麻痺させるための製薬産業の合法的ないろいろの薬剤など、生理効果の強いこれらの要因と放射線被曝とを加えれば、人体に対する影響はますます重大なものとなろう。

いろいろの癌が成人を少しずつ若く死亡させ、子供までを死亡させていることを理解するためには統計学者の世話になる必要もない。現代文明が平均寿命を延長させ、そのおかげで癌の影響が顕著に現われるというパラドクスはもはや通用しない。平均寿命は毎日少しずつ短縮している傾向にあるのだ。(原注三〇)

もともと地球上を満たしていた強度の放射線が徐々に生命を許容するまで低下したときに、生命は地球上に誕生したのである。放射線は有機体の突然変異の誘因であり、恐らく生物の進化過程を決める上で重要な役割を持っているであろう。進化過程は時間に対して比例的なリズムを持つものではなく、放射線など強い突然変異誘因の存在のもとでは、突然変異の器官の出現は急に増大するであろうと思われる。イオン化光線および非イオン化光線の強度が地球上で徐々に減少していた傾向は、一九四五年以来急に逆転してしまった。そして、この増加には「技術がもたらした自然放射線の増加」という名称が与えられているのだ。このような放射線被曝などの複合した要因は、癌性や非癌性の病理を単に増加させるだけではなく、人体に対してもっと広範な悪影響を持つと考えるのが論理的であろう。

原子力事故は現実に因果関係があり、明瞭な原因があることがはっきりしている。この現実を拒否する「馬鹿の反乱」を避けるためには、その単純さが分からなくなるように判断条件をごまかし、証拠だてる可能性を混ぜ返し、分析を複雑にすることが必要である。ここで、亜流の原子力専門家と共に登場するのが政治家である。

もともと原子力の分野では、これらの二種の人物たちは混じり合っており、区別するのが難しい。ある者は原子力庁の行政官でありながら、産業大臣になり、国防大臣になったりしている。またある者はピエールラットのウラン濃縮工場の所長でありながら、十二年間にわたって内閣のメンバーでもあった。イレーヌ・ジョリオ＝キュリーは彼等の先輩格であり、科学研究省の次官となったフランス最初の女性であった。

また、ある者はそれほど高名ではないが、一九九〇年議会で法案の提案に先立つ議論の説明責任者となったので、その法規は彼の名前に因んでバターユ法を呼ばれることになった。

この法規はもともと、放射性廃棄物の除去法という大げさな名称であった。しかし彼は微妙な配慮の結果、余りにも歯切れよい名称をまず変更することにした。その結果、放射性廃棄物の「管理」に関する一法律が投票で可決された。バターユは次に、「いろいろの異なる方法によって当初の目的(原注二一)」を実現することをはっきり公約した。すなわち、住民に実験所を受け入れさせること。また、このために「民主主義の提供するあらゆる手段(原注二二)」を利用すること。この結果として、宣伝道具のための原子力削岩機が登場し、雇用をちらつかせた強要や補償金の提案が大がかりに行なわれた。

また、バターユは思考形態の違いも使った。彼は紛争の起きているそれぞれの地区で「望ましからぬ人物」とみなされている人々を召集した。すべての議論を前にして彼等が煮え切らない態度を示していたことを理由に、彼等を非合理主義者扱いにした。バターユは彼等が合理的な議論、回答を提出すること、具体的な選択を提案すること、「承認できる」道理を述べることを一貫して要求した。このように扱われた結果、彼等は拒否の本当の理由でありその基盤をなしているものについて、想像を巡らせるゆとりがなくなった。彼等も問題解決に駆り出されてしまったのだ。彼等は責任者に文字どおり荷担させられてしまったのだ。

この議論を通して、技術的な見通しのごまかしが繰り返され、健康上の危険は隠され、いろいろのカテゴリーの放射性廃棄物のすべての処置法がきわめて詳細に議論されたのはどこかコミカルな印象を与えた。

しかし、電気エネルギーの無駄使い、いわば暴飲暴食が一体誰のための利益になるのかを尋ねる質問はなかった。電気エネルギーをがつがつ飲み込んで消費してしまうための効果が大きい工業的試み、これに負けず劣らずの軍事的なあらゆる試みがなされているにも拘わらず、電気エネルギーはまだ余っているようすである。かくして、フランスのすべての自動車道路の照明のために電化を行なう提案がなされたりする……

このエネルギーは何のためなのかを尋ねる質問はなかった。しかし、カテゴリーCに属する高レベル放射性廃棄物を閉じ込めるためにはジルコニウム合金の被覆管が有効であり、これが同位元素分離と比較してより有利であるとする多くの議論がなされた。

かって、その時代を生きたペリクレスは、次のような言葉を残している。[訳注二] 野蛮とは文化の欠乏を言うのではなく、「強弱をつけることなく過度に飾りたてることであり、選択するべきものを見分けることのできない感性のことである」と。これはハンナ・アーレントの指摘である。

飾りたてるものもなくなって、事態が透明になっている現代において、野蛮の手管はさらに前進し、人々の判別の能力を萎縮させようとしている。

（訳注一）マリー・キュリーはポーランドから単身、研究にあこがれて苦学しながらパリに到着した。生活苦と、また当時の女性と外国人に対する偏見など困難は大きかったが、希望を失わずに果敢に研究を続けた。一八九五年ピエール・キュリーと結婚。夫妻は一八九八年、自然の放射性元素ポロニウムとラジウムを発見し、後にこれを単離することにも成功する。夫妻はこの発見によって一九〇三年ノーベル物理学賞を受ける。科学真理の追求に全てを投入した夫妻の熱情と才能、彼等の真摯な態度と率直な意見は感激的である。一九〇六年、ピエールを馬車の交通事故で失ったショックは大きかったが、マリーはひたむきな科学研究の熱情を変えることはなく、ピエールの後を継いで女性最初のパリ大学教授となった。第一次大戦中、研究室の中で研究に没頭することを潔しとせず、世の中に役立つためにX線機器を積んだ自動車を運転して、従軍看護婦となったまだ十七歳の娘イレーヌを助手にして、野戦病院を走り廻り、負傷者のX線撮影を行ない、弾丸の破片の適切な摘出処置を行なうために貢献する。

マリーは放射線の研究とX線撮影に伴う長年の放射線被曝のために白血病となり、一九三四年死亡した。娘イレーヌも母の才能を多分に受け継ぎ、科学研究に情熱と才能を発揮して、夫フレデリック・ジョリオ＝キュリーとの共同研究により人工の放射線を発見し、一九三四年にはノーベル化学賞を受賞する。こうしてキュリー家は二世代に亘り夫婦でノーベル賞を受ける偉業をとげたのだ。しかし、イレーヌも母同様、長年の放射線被曝による白血病で一九五六年に死亡し、フレデリックも放射線被曝による肝臓病で一九五八年に後を追う。彼等が無防備に放射線に身をさらした結果、自身が放射線障害に倒れることになったのは痛ましい。

原子核崩壊に伴う放射線やX線が人体にとって有害であることが現在のように確立されていなかったのだが、他方、X線被曝の人体に対する障害症例一七〇例が一九〇二年に早くも報告され、放射線被曝の動物の生殖腺に対する影響、人の血液に対する影響、動物の発癌に対する影響の報告などがすぐこれに次いでいる。しかし、キュリー家の夫婦二世代は伝記で見る限り、放射線障害に対する恐れが念頭をよぎることもなかったようである。X線機器を積んだ自動車で野戦病院を廻っていた時、X線技師が不足していることに困ったマリーはラジウム研究所において女性技師を養成しようとするが、そのうちの一人の女子学生が放射線が怖いので「辞めたい」と申し出る。この時、マリーはそのような愚かな言動を怒ったことが記録されている。ノエル・ロリオ著『イレーヌ・ジョリオ＝キュリー』（伊藤力司・道子訳、共同通信社、一九九四年）。

（訳注二）ペリクレスは古代ギリシャ都市アテネの政治家（前四九〇〜四二九年）。民主主義の徹底と弁舌の才で知られ、また学芸でも功績を上げた。

第3章

原子化の条件

Les conditions d'atomisation

発明家の歌う歌につれて
人は催眠にかかった足取りで
人殺しの爆弾の方に歩いて行く。

ルネ・シャール

原子力の使者たちは自らに対する揺るぎない信頼を寄せており、その結果彼等はずっと以前より、現実から遊離した生き方をしてきた。原子力の使者たちは自分自身を説得する必要があるので、原子力には計算し尽くせない危険があり、すべての人にそれが影響を及ぼしかねないことについて、目を覆ってしまったのだ。しかし軍人たちだけは臆面もなく、彼等が原子力の役割を知っており、彼等の利害こそがすべてに優先していると考えている。

人工的に作られたエネルギー需要、「情報」という粧いをしたマラソンのような長丁場の宣伝、健康への影響についての偽瞞、技術の発展への賛美は多くの人々をうまく欺き、これに固執させた。

この宣伝を受けた者のなかには、ウラルで一九五七年に起こったキチュトムの災害(訳注一)を見ようとせず、一九七九年のアメリカのスリーマイル島の事故(訳注二)を忘れてしまうことが出来た者もいる。しかし、チェルノブイリの名前や放射性廃棄物について聞いたこともない者はいるだろうか？　安心だという説明が繰り返されても、事故の大きさにまったく不安を抱かなかった者が一人でもいるだろうか？(原注三三)

もし反乱が起きないとすれば、それはまぎれもなく、この犯罪の大きさそのものが、何もしないことの一番大きな弁解になっているからであろう。あいまいな態度は原子力に対する消極的な賛同となる。このことについてもっと深く考える必要がある。原子力事故の犯罪性は生態系のみに関わっているのではないからだ。

多数者の消極的な賛同とは、計算ずくの黙認であると見なされることが多い。しかし、そうではないのだ。私はこれを病理学的な感受性の欠乏であると考えている。現実を前にして反応し、理解し、それを名付けるべき判断能力が萎縮してしまうことは、現代の害悪のうちでも最も悪性のものであろう。

このような疎外、世界との結び付きの断絶、一体性からの違和感は、以前から病理学的な感受性の欠乏と名付けられていた。しかし、これが資本主義的の慣行を徹底することによってもたらされた毒害のなかでも恐らく、文字どおりの最も強い害悪であることには、まだあまり気付かれていない。(原注二四)

「人間に毒害を与えるガスが耐えられないものだと訴えようとする」尊厳までもが人間に無くなっているとすれば、(原注二五)このガスに対する基本的な反射反応が、もっと険悪なあるガスによってあらかじめ麻痺させられているということである。(原注二六)ルイス・マンフォード(訳注三)は大都会にこの毒が潜んでいることを既に発見している。古代のギリシャ都市ポリスには自治共同体が存在していたが、大都会には現代の民主主義の制度がこれにとって変わっている。「共同体の構成者に、共同体の保護者、責任者としての親密な一体性を実感する意識がなくなれば、われわれと言う意識は崩壊し、おのおのの構成員は自分のことのみに忙しい群衆に過ぎなくなるのだ」(原注二七)。

一方ではハンナ・アーレント(訳注四)は、自然と歴史に関する認識は「憂鬱な偶発的事件(訳注五)」の寄せ集めに過ぎないことを見事に示した。自然科学の観察によって判明した事実、歴史上の一事件と同じように切り離された自然現象は、人間にとっての意味をすっかり失っており、「ますます世界からの疎外が進行する現代において、人はどこに行っても彼自身しか見えなくなっている」(原注二八)。

植物のような社会生活を営むために必要な最低限度の関係しか保持できない人間は、世界の中に人間として存在するための諸関係を失っている。専制主義が「人々の主題を家族の狭い関心事に埋没させ、市民生活が発展するのを妨げた」(原注三九)ように、大集団のマス社会は共同体とはなりえず、これを破壊してしまう。この点で、マス社会の匿名の権力は他の専制権力と共通のものがある。

すべての独自性は霧散し、無関心な多数者が黙っていることは、視野の中に入りやすい統治の機構を認めているかのように見える。社会生活は盲目の原子集団の動きに還元し、各自の欲望の限界以外に他の限界があることを理解しない。

しかし、こと商品に関しては各自の欲望だけでは十分な基礎とはならない。無関心のマグマ（岩漿）の注意を強く喚起するためには、商品に対する欲望を舞台に登場させて、これを映像化させなくてはならない。ギ・ドボール(訳注六)によると、映像化の社会においては、「商品経済の独裁支配が、無責任な絶対権を持つ地位を獲得し、その支配に伴う新しい統治の手法の総体が確立されている」と言う。(原注四〇)原子力について、新しい二つの特徴な手法に注目することができるので、このことについて述べよう。

第一の統治の手法は責任の扱い方に関するものである。

放射性廃棄物は用途がなく、危険なばかりではない。放射性廃棄物は世界の歴史の中に人工物を創造したホモ・ファベル、工作人(訳注七)たる人間の責任に我々を直接に対面させるものでもある。この責任を理解することができないというならば、それは使用価値とその機能の観点にしか考えが及ばないからに違いない。遺伝子の操作に例をとれば、これも放射性廃棄物と同様に大変厄介な問題を派生しているが、同時に「医学の進歩」に役立つという機能を持っている。故に遺伝子操作はどうしても適切なものとして語られることになる。

放射性廃棄物は技術の観点から見て、このようなアリバイがない。それは「あらゆる意味で役立たない」。このようにして実現された放射性廃棄物の失敗を直視し、人が行き止まりの道に踏み込んだのを認めることは文字どおり気を動転させる。

誰かが誤って、引き返すことのできない地点にまで我々を引っぱって来てしまったのだが、これが誰なのかを特定できないのだ。「もし独裁政治とは、その行為の報告を行なう責任を負わない統治であるとするならば、匿名で支配する統治は独裁政治のうちでも最も独裁的であろう。結局のところ、成就したことに対して質問に答える責任を負う人物が分からないのだから(原注四一)」。

匿名で行なわれている支配の新手法の最たる特徴はここなのだ。産業界の権力ははっきりした正体が見えない。その独裁性を否定しようとしても、没個性の巨大なマグマが立ちはだかっている。このような現実は、すべての人が権力の一端を担っているかのように信じ込ませるという顕著な結果を生みだす。各々が事態に「責任がある」と感じたとき、微妙な事態の変化が起こるだろう。「望ましからぬ人物」は、放射性廃棄物の管理についての解決策の研究で管理者の側にかかわることで、権力の一端を担う。彼等はまた、アイロンをかけるにも原子力発電の恩恵にあずかっているので、責任を感じざるを得ない。権力の形の上だけの片棒かつぎ、形の上だけの責任の片棒かつぎが生じる。こうして、本当に権力を行使する者と、これに対して抵抗するべき人々との間の区別はぼやけてしまう。彼等は偽りの尊厳を負わされ、彼等に残された自由な思考は一種の罪悪感に変質し、彼等は頭を低くし、腰を曲げることとなる。

第二の統治の手法は宣伝に関するものである。

現代の「民主主義」（モダン・デモクラシー）にとって、管理されている多数者（サイレント・マジョリティー）が寛容で、意見を述べず、無関心であることが大いに重要である。しかし、この「民主主義」の推進者は、放射性廃棄物に関して重要事態に発展しそうな問題点があることを察知した。彼等は先手を取った。

一九九〇年十二月のバターユの議会報告においては、「望ましからぬ人物」たちの誰も知らぬ間に、放射性廃棄物の埋設地として一〇カ所以上の場所が十年以上も前から予め候補地として選ばれていたのであるが、そのことを知って大いに驚いた人がいたであろう。

それまでは表には現われなかった専制者はある者たちの激しい抵抗に出会って、その正体を現わし、情報という新しい技術を用いざるをえなくなった。それまでは、ＣＥＡ（フランス原子力庁）、ＣＯＧＥＭＡ（フランス核燃料公社）、ＡＮＤＲＡ（フランス放射性廃棄物管理庁）などは、ほとんど望む通りにことを進めることができた。ところが現在では、無関心の多数者を彼等の旗の下に結集させるためにはメディアの場に立ち向かうことが必要となった。

こうして実現されたのが、現在の親原子力の宣伝である。しかしこれは、型だけを新しくした広告の技術に過ぎないのだ。実のところはアメリカの太った兄弟が「真実の省庁」と呼ぶ、「嘘の機構（訳注八）」と同一のものなのである。

この宣伝においては、電気の欠くことのできない必要性とは、電気と言う言葉を忘れさせて「原子力」という言葉しか我々が思い出さないようにさせることである。そうしてこの「原子力」という言葉のみが、欲望と罪の意識を混合させる。つまらない商品に対して偽の必要を感じ、本当は責任を負わない市民が偽の責任を担わせられる。暴君たちが言語を支配しようとして、言葉の意味を偽のものにしているということは、こうして忘れられてしまう。

マキャヴエリの時代の君主がめぐらせる策略(訳注九)にとっては欠くことのできなかった嘘でさえ、もっと狡猾な策略によって正体を暴かれてしまう。現在はその策略の時代である。「新言語」が作られて、嘘に取って替わるものはないと押し付けるのだ。こうして、真実は無くなり、嘘さえもなくなり、意味は存在しなくなる。

例えば、われわれの語彙からは「電気」という言葉は消えてしまうだろう。「原子力」という言葉がこれを置き換えるだろう。しかし、これは意味を持つ言葉ではなく、「原子力」を許容することを示すための暗号でしかないのだ。

言語に備わっている直接的な意味に対する関係を失うことは、放射線の人体に及ぼす有害さと同じ程度に有害であることを示そう。

世論調査の結果によると、原子力の宣伝キャンペーンは成功しているとのことである。今日、大多数のフランス人は原子力を必要なものであると考えている。別の調査結果によると、同じく大多数のフランス人にとって「放射性廃棄物の問題は環境に関する関心事のうちでも最も重要なもの」となっていることが示されている。

しかし、誰も二つの調査結果に矛盾があることには注意しない。何故なのか？ 原子力とは一体どういうものであるかについて、包括的な意識を廻らせることによってのみ、この矛盾の解決がなされるのであり、小手先の考えを廻らせても無駄なのだ。アトム化、孤立化の現状からすれば、この矛盾は文字どおり「考えられない、考えても仕方がない」ことなのだ。一方では、議論を差し挟み難い世論合意があり、他方では人の抱いている不安感はこれを埋設せずにはおれないということになる。この不安感は結局、「はっきり名状できない」のだ。

埋設に賛成する者の技術論は、埋設反対者の屈曲した理由よりもどうしても格好が良い。生きる衝動からのずれを生じてしまった今日の人々の感受性はいじけているが、功利に割り切ることは格好が良いのだ。「これは集団の狂気である。ここではっきり名状できないものになった生命と新しい意識とが『不十分なまま結合』している」(原注四二)。誰も個人として他人に話しかけることができないのと同じように、誰も拒否の意見を個人として表明することができない。誰も賛同された合意（コンセンサス）の破綻を見抜けないし、不安をはっきり表明することもできない。

孤立することによる病理学的な効果は、「欲望を抑圧する」ことによる効果と同様に良く知られている。しかし、埋没して「はっきり名状できない」苦悩が、生体の免疫の機構を破壊してしまうことについては今まで知られていなかった。「愛の疎通の手段を最後まで奪われ」た人を調べてみると、ある「特定の免疫機構の低下（リンパ球Tの欠損）」が起こり、「免疫障害と失読書症（読書能力消失症）との結び付きが頻繁に起こっている」(原注四三)。

もし苦悩から生じる熱望が、健康を回復させるための鋭利な武器とならない場合には、生命の反作用は生命自身に差し向けられ、自己を滅ぼすに至る。かくて、M・ブナンは、いかに「孤立を批判することが、公衆衛生にとって必要となった」かを明らかにした。

意識と想像力において服従することと引き替えに、文明は人々が最低限の生活を営むことを約束している。しかし、服従すること自身が直接的に、具体的に、生物として有害なのである。このようにして、人間性を諦めることによって獲得した「最後の代償までを人は失うことになるのだ」(原注四四)。

我々の健康のためにも、救済のためにも、我々の生命を取り戻すための言葉が必要である。

——混乱が支配する場に、簡素な論拠を！

——永続を押し付ける場に、自由を！

——役立つという目的しか示されていない場に、希望を持つ誇りを！

——言葉と行為において意味の明瞭な共通の世界を再発見することは、その世界の存在のためにも、生命を保持するためにも必要である！

一言で言おう。人が存在し生き延びるためには、人間性が愚弄されている場所に人間性が再構築されなくてはならないのだ。

(訳注一) 一九五七年、ソ連のウラル山系キチュトムの軍用原子力施設で使用済み核燃料の再処理の過程において、化学・熱爆発の大災害が起きた。一〇〇〇〜二〇〇〇平方キロメートルに及ぶ汚染地区から一万以上の人が避難し、三〇以上の村が放棄され、この地域は立ち入り禁止の自然保護地区となった。ソ連政府はこの事故を秘密にしていたが、生態学者メドベージェフは生態学、環境学、動物学の細心の研究を行ない、その結果、大事故のあったことを確信する。彼はイギリスに亡命した後、『ウラルの核惨事』（ノートン、ニューヨーク、一九七九年、梅林宏道訳、技術と人間、一九八二年）を著し、この事故を発表した。ソ連政府がこの事故を認めたのは一九八八年であった。

（訳注二）一九七九年、アメリカ・ペンシルバニアのＴＭＩ（スリー・マイル・アイランド）原発、ＰＷＲ型（加圧水型）二号機で、二次冷却水ポンプの故障が起き、ＥＣＣＳ（緊急炉心冷却措置）も動作せず、放射能漏れが起こり、周辺住民一九万人以上が避難した。風下では空気に金属臭がして、涙が出て、皮膚がピリピリするなど多数の住民の証言があり、動植物の生態系の多数の異変が報告されたが、ＮＲＣ（米原子力規制委員会）は放射能放出を否定し続けた。後年、封鎖された原子炉内を小型カメラで調査したところ、炉心溶融が起きており、チャイナシンドロームの直前であったことが判明した。ＴＭＩ事故以降、アメリカの新規の原子炉建設は中止・撤退が相次ぎ、アメリカの原子力エネルギー政策からの撤退の契機となった。しかし、その後もアメリカは同型の原子炉を東欧やアジアに輸出して、売り続け、「援助」を続けているのは、憤慨を禁じ得ないものがある。

（訳注三）ルイス・マンフォードはペンシルバニア大学の都市地域計画教授。古代の都市論を追究すると同時に、現代の大都市が人間性を見失い、社会的な崩壊をもたらすものであることを警告した。『技術と文明』、『ユートピアの系譜』、『歴史の都市』などの著作がある。

（訳注四）ハンナ・アーレントはドイツの女性思想家（一九〇六〜一九七五年）。第二次大戦の初め多数のユダヤ人の国外脱出に尽力し、自分自身収容所に送られるのをかろうじて免れ、アメリカに移住した。ユダヤ人問題を根源的な思想のレベルで、また人間性の可能性の視点から追求した。『文化の危機』、『ラーエル・ファルンハーゲン』、『パーリアとしてのユダヤ人』等々の著作。

ハーバード大学のセイラ・ベンハビアは『ハンナ・アーレントと物語ることの持つ救済力』（岩崎稔訳、みすず書房）の中で次のように言う。「……自然と歴史はもはや政治的思考の基礎としては役立たない。自然が基礎たりえなくなったのは、自然を人間の行為と介入から自立した基底的現実として思い浮かべることはナイーブであると証明されてしまったからである。また歴史が基盤たりえなくなったのは、アウシュビッツと広島が歴史には深い意味や高い究極目的があるのではないかという希望を根元から根絶させてしまったからである……」と。ハンナ・アーレントはさらに『パーリアとしてのユダヤ人』（寺島俊穂・藤原隆裕宣訳、未来社）においては、この自然と歴史の無効性、あるいは決定的な不安定性はまさしく、我々の身体そのものであり、社会からの非認知を認知の方向へ融和させるのではなく、非認知からの認知として投げ返し、身体の現状の主体性回復を拠り所としようとしている。

ドギオーム氏は、原発問題にはハンナ・アーレントの指摘するユダヤ人問題とも共通した深刻な問題、根源的な人間性の抑圧を見ている。このことが本書の底流をなしていると思われる。

（訳注五）「憂鬱な偶発的事件」とはカントが彼の批判哲学を展開したときに用いた言葉である。ある時点でのその場限りの偶然の経験を収集して、これに対して先天的で必然的な判断を下すことによって、学問としての認識を作り上げるとする立場である。

（訳注六）ギ・ドボールは一九六八年五月パリの学生は「我々はすべてドイツのユダヤ人である」と叫んで、体制打破に立ち上がったが、ドボールは映像の情報社会では「我々はもはやドイツのユダヤ人でさえでもなく、何でもなくなった」とする主張を箴言、苦言として訴えた。パリの知識人となることを拒み、自殺した。著作『スペクタクルの社会』。訳書は（木下誠訳、平凡社、一九九三年）。

（訳注七）ホモ・ファベルは「道具を作る人」を意味する言葉であり、ベルグソンの造語。種としての人間を他の動物種から際立たせているのは、人間が知性を発達させたからであるが、知性の発達だけが独立して起こったのではなく、道具の使用、自然に対する技術的な働きかけと科学的な観察と相伴って知性の発達が促されたことをこの造語は指摘する。

（訳注八）ジョージ・オーウエル著の『一九八四年』（新庄哲夫訳、ハヤカワ文庫、一九八七年）では、独裁主義の国家の指導者 Big Brother は偽瞞を発表する情報機関を「真実の省庁」と呼んでいた。

（訳注九）マキャヴェリは政治学者、歴史家（一四六九〜一五二七年）。『君主論』『ローマ史論』を書いた。民族国家を樹立し、権力を得るために、あらゆる嘘や権謀術策を用いることもためらわないとした。この嘘には君主に対する忠誠という役割りがあり、嘘にも嘘という実体があった。

第4章

遺産

L'héritage

この子たちはあまりにも現実的で
私たちには頭痛の種だ。
遺産の糧を断ち切っても
救いにはならない。

ルネ・シャール

片足の悪い鍛冶職人のヘパイストスは、「燃え続ける火」を安定させ、制御したので、古代ギリシャのパンテオンの市民権を勝ち取ることができた。彼が火に市民にとっての価値を与えたのであり、火の制御の技術は金属職人たちの誇りを与えるものであった。現代のヘパイストス達は彼らの哀れな技術を制御できないことに不満を持ち、彼等の浮薄な知性をわれわれに吹き込もうとしている。彼等は滑稽さを恐れもせずに、新しい考え方を「鋳造しよう」としている。

原子力産業の廃棄物の地下埋設について避けることのできない最大の不安の一つ、未来の世代に関連した不安を回避するために、彼等は「忘却性」と言う考え方を鋳造しようとしている。ここでは、原子力産業の廃棄物を地下埋設するために取られるすべての技術手段は、ただ一の目的へと集中している。それは、未来の世代がその貯蔵所の場所とその内容物をすっかり忘れてしまうことである。

このような卑劣な行為を悔やむことは科学認識論者達の仕事に残しておこう。しかし、地下埋設される内容物の重要さと問題の緊急さが我々を急がせる。

人間は生きており、またやがて死ぬという条件のために、また生き延びようという必要のために、生物としての永遠のサイクルに直面せずにはおれない。生けるものは己の死を基にして再生する。生けるものは生命を創造するために、生命を消費しなければならぬ。かくして人間の労働とは生命を維持しようとして、自然の力を濃縮して、これをやがては破壊される運命にある生産の活動に向かわせようとすることである。こうして、人間はじゃがいもを栽培し、綿を植える。また、人間の労働は、繰り返される日常の仕事において、人間を飲み込んでしまいそうな生きている自然から人間特有の生存条件を護り、維持することでもある。こうして、人間は馬小屋を掃除し、絶えず野菜畑の雑草を抜く。

人間の生命は動物の生命とよく類似している。しかし、人間はその生存条件から自らを解放しようとする点において、動物にはないものを持つ。生物が常に繰り返して直面しているのは瞬間であるが、人間は瞬間に対して持続を対峙させようとする。意識のない自然を前にして人間が自己を確認するために、そして持続する生命を目指し、これを子孫に伝えるために。ハンナ・アーレントはこれを、「死すべく定められている者に、自身よりも安定して永続きする生の場を提供すること」であると表現している。

かくして、人は新しく生まれて来る者を迎えるために、石や、布や、木で住居を作り、長持ちすることを特に目的とする人工の世界を作る。そして、生まれた者に人工の世界を与え、生命のサイクルの原始的な行為が繰り返される世界へではなく、人間の連帯がこれに抗して作りあげる人間化した世界へと生まれた者を導く。これが人間が製作する物の目的である。

労働の必要性はすなわち消費の必要性であり、人が製作する物の特徴は持続することである。

しかし、人間が製作する物はいつも石を用いてなされるとは限らない。それが言語によってなされれば、それは歴史となる。「存在するものを言い表わそうとする行為に始めて意識的に着手したのはヘロドトスであるが、この行為を続けようとする者がいなければ、自分の短い命よりも長い時間にわたり持続することを目的とする人間の世界を作り上げることは不可能である」(原注四五)。

この人間の世界において、物事を開始しようとする力、すなわち、自由は生まれたのだ。自動的に進行する過程を中断して、その代わりに、人間のすべての技能が営まれて新しいものを生む可能性に満ちた行動の場を、自由は必要としているのだ。

新しい自由の息吹によって、人間の製作物を原子に至るまで破壊することも、また可能となった。歴史は自らを分かりやすく、理解できるものとして語ることである。

ところで、商品化の上に成り立つ現代は人間の労働と製作物を破壊している。手早く言おう。現代は原子力を擁しており、この原子力は自由と同様に歴史を危うくしようとしている。

人間が製作した物は世界に記憶を組み立てて記念碑と文献を残し、これらはあらゆる偉大さを生み出するつぼ、あらゆる意味の出典となるものであった。これに対比して、商品はその過程を通して世界に無に帰するもの、生命を持たず消費するものしか残さず、意味の喪失をもたらすのである。

現在の世界は持続性を問題としていない。労働は消費と再生の過程の平衡を保つためのエネルギーとして必要なのではなく、経済に服従したサラリーマンのために必要なものとなった。人間が製作する物は地上にわれわれの家を営むためではなく、経済の怪物のためのものとなった。満ち足りたことがなく、いくらでも欲しがる怪物には、賞味期間が短く、いたみやすい食料品が必要となる。何十年あるいは何百年を意識して作られていたものは、現在、季節ごと日ごとに作り替えられている。怪物はサラリーマンが消費することと、「エネルギーを必要とする」代謝を強制する。

生命は否定され、ついに原子力によってエネルギーを無尽蔵に汲み出すことができると信じるまでに至る。持続する機構を持つものは有機体の生命サイクルのみであるということは完全に忘れ去られる。

原子力産業の廃棄物の意味するものはここにある。この廃棄物とは、生命を否定する者が、自分の後に残して行くシンボルなのである。この廃棄物には、抑制のない消費の束の間の儀式の間、我々に忘れさせようとしていたすべてのことが、恐るべき期間にわたって凝縮されている。

常に更新される欲望を満足させることは、過去の否定と現在の繰り返しを要求する。この自己満足の喜びは、忘却性という考え方によって完全に成就される。

放射性元素の問題を忘却することだけではない。生命のサイクルの存在を否定し、死ぬことを運命づけられた生き物としての人間の条件を拒否し、持続する必要は束の間をより充実させるためなのだということを忘れさせ、人間の尊厳と、人間にとっての自由が出現する条件が愚弄されていることが問題なのである。

ハムレットは「この世の関節が外れてしまった」ことを自覚し、これを元に戻すための重い仕事に取りかかった。しかし、現代はたがを外すことのみを追い求めている。


原子力産業の廃棄物に関する「忘却性」という考え方は、商人の時代にふさわしい。その前には、正反対の「非忘却」という考えがあった。アメリカの『サイエンス』誌は一九八四年、数世紀にわたって将来の世代を廃棄物貯蔵所から遠ざけるための提案を行なっている。その提案では、攻略不能の城塞が作られ、危険の記憶を永遠に閉じ込めた「ファラオの呪い」の神話を永遠に繰り返す任務を負った「原子力の聖職者」がその番をすることになっていた。また、城塞の壁や標識が万一すっかり消失する時のために、現在の言語を失ってしまった子孫たちが理解できる新しい言語を完成しておくことを提案者は計画して

いる。その記号は、プルトニウムの永遠の危険を意味している筈であった。(原注四六)

原子核産業の廃棄物に関する驚くべき矛盾がここにある。将来の世代はその害毒を永遠に覚えているはずであるとされる一方、現在の世代はこのことに目を塞ぎ、完全に忘れるのだ。意味の閉塞を最も簡単に解決する方法は忘却することである。これは、現代におけるアポリア(矛盾し相反する立場があり、解決が困難な問題や状況)の中でも特に際立ったものである。アポリアという言葉は現代の気風がある。この言葉を知らなかった読者は早速、辞書で調べて頂きたい。この言葉を「作り出した」人が想像もしなかった状況を思い描くためにこそ、この言葉の必要が感じられる。(訳注二)

原爆実験、チェルノブイリ、原子力発電によって、すでに取り返しのつかないものが生まれてしまった。毒は拡散してしまった。

原子力産業の廃棄物はその有毒性のみが問題なのではない。技術上の避けることのできない困難な現状を、人間の社会に多年にわたって押し付けようとする準備が整っているのだ。

例えば、地質層に放射性廃棄物の貯蔵所を作ることは、間近な課題として政府に委ねられている。ウラン鉱の残滓を作りだした者は百年間にわたって、その監視に携わることになった。低レベル放射性廃棄物の三百年にわたる管理が法制化された（付属5参照）。

このような状況においては、健康のために必要な放射線防護の対策を求めることは善意に基づいていると意識をすることになる。こうして保守主義者は、このような「管理」のための技術使用を保証する機構をそのまま維持しようと努め、技術者は自分達の技能にうぬぼれて、彼等の力なしでは対策が立てられないことを決定権を持つ者に誇示することとなろう。

新しい展望の発見に向かって出発するという特典に我々が与ることはなく、我々の子孫が、我々が考えも望みもしなかったことに着手する可能性も残されていないであろう。

しかし、人間社会の歴史において、刑の宣告が生物としての必然として初めから決まっているかのような化石化した長い期間のすき間に、自由の芽が噴き出すのである。この時に新しい可能性が開かれ、新参者が現われて腐った世界の上に新しい世界を再生させるのである。

現在の文明は、余命を保護し管理するという口実の下に、自己愛の存続を要求し続けるに違いない。その害悪は放射線の生物に及ぼす効果を超すものとなろう。その結果として自由が欠乏するのは必然である。

核の災いの新しい特徴は、新しい生命の条件への肥料として残された堆肥が有害であることが初めから決まっている点である。

今こそ、あらかじめの規範などの助けなしに、自分の知性を働かせる時なのだ。不実の政教条約に署名することを敢然と拒否する時なのだ。

（訳注一）ヘロドトス（前四八四〜四二五年）は歴史の父と呼ばれており、歴史事実の記述を始めた。主著『歴史』は神々に意思により決定されるとする歴史観に基づく。

（訳注二）アリストテレスは、同一の問いに対して相反する合理的な解が提出される場合など、解決し難い事柄をアポリアと呼んだ。

第5章

果てしない言語

Un langage infini

青ざめた光の、真実の
真昼の脇に吹いている
穏やかな、悲しげな微風が
わが魂に果ても知らぬ
言葉を送ってくれる

アルトゥール・クラバン(訳注一)

現代の大きな災いはとりわけ、人々が孤立していることであり、無関心のマグマの中で各自の限界とその存立基盤を見定めることができなくなってしまったことである。かつてギリシャ人は、孤立したナルシスとエコーにとって死以外の道はなかったことをすでに知っており、ずっと先までを見抜いていたのだ。

ナルシスは自分への愛情のとりこになり、自分の姿以外には興味を抱かなくなって、自分の姿を写すただ一つの世界となった泉の横で、干からびて死んでしまった。

フロイトはこの神話から、主体が誕生するためには「閉じて融合した状態」からの脱却がどうして必要なのかを説明した。母体と子供のなす一体は分裂され子供は誕生し、子供は周りを構成しているものを手がかりにして自分が存在していることを初めて知るのである。同様に、個人が社会の中での主体を確立するためには、社会の中での自分および自分の拠り所を理解しなければならない。「融合した状態」のすべてを狂気になっても断ち切り、自分自身を異質化して、自らの自由を手に入れる必要がある。(原注四七)世代についても、互いの世代の間の異質化が必要なことは同じであり、どの世代も独自の歴史を身上に掲げることによって、その力量と自由が確立する。しかし、非異質化の危惧はどの世代にも常に存在している。かくして資本主義の暴制は個人を名だけの王様扱いにするが、個人の主体についてはこれを、満たされざる欲望のイメージと、現実を構成している分割単位のイメージとが融合した状態にするのだ。この二つのイメージは現在の社会的関係が自身を写すための大きな鏡の中で重なりあい、お互いに補いあい、その結果、人間性と主体とは希薄化し消滅する。同じように、次世代までがあらかじめ、固定化した外見だけのモデルに融合させられている。暴制は彼等に彼等の姿を映し出して見させるのだが、実証主義の究極状態である痴呆と化した技術の鏡だけを見させて、これ以外の鏡に彼等が向きを変えることを許さないのだ。

泉の鏡に身を映したナルシスが孤独であったことは確実である。しかしギリシャ人にあっては、鏡は姿を映すこと以外にも役目があった。鏡はある条件の下では、「飾りたてた現象の中にいまだ見えざる裂け目」を開き、未知のもの、異なったもの、つかみ難いものを引き出す道具なのでもあった。鏡は、現実の世界のものよりもっと豊かで、命にあふれている別の息吹き、言い表わすことのできない豊穣さに到達することを可能とした。(原注四八)ナルシスの神話では、ナルシスは自らを超克する者となることもできた。

しかし結局のところ、すべてから孤立したナルシスは、彼を彼自身から脱出させ、彼の命を救うことができた唯一つのもの、愛を拒否した。彼に愛のまなざしを差し向けたのは唯一人、水の精である美しい娘エコーであったが、おしゃべりが過ぎた彼女は罰として話せなくされていたことは悲劇であった。何も言うべきことがわからないメディアの冗慢な声に神経を集めてはおりながら、散漫化させせられている我々の孤独の世紀には、いかにも類似したものがある。

個人の欲望が保護された繭の中に自閉していることは、健康を保護することにさえ適していないものであることについて既に示した。また、我々が原子力について成就したことの帰結としての放射性廃棄物について我々が忘れてしまったとしても、放射性廃棄物は我々を解放してくれるわけではないことについても納得していただけたと思う。さらに我々は、この技術管理の民主的な分担を続行するように未来世代に対して指令を発したのであるが、この指令は非異質化という文字どおりの臨床的な狂気の沙汰に通じるものであり、有害であることを示すことができたと思っている。

世界が自身のメカニズムの繰り返しの中に未来を閉じ込めようとしている時、この世界を拒否することは保健衛生を保つためにも欠くことのできない課題となろう。

我々のあらゆる欲望を満たすことができると期待をよせる個人生活の温室などは実現するはずもないというすべての証拠が揃ってしまうまでに、これを断念する勇気を持つべきである。「我々より以前から世界は存在し、我々よりも生き長らえる運命を持っている。それゆえに、我々のものであるこの世界は、個人の生活とこれに関連した個人の利益だけに関わっていたいとすることはできないのだ（原注四九）」。

人が新しい人として生まれてくるからには、すべての人が新生することが可能であることを表明するものでなくてはならない。

自由が生まれるための最初の条件が問題である。そして、主体を回復するために言葉による関係を再発見することが必要である。

ずっと以前、ラ・ボエシー(訳注二)は「我々の考えを伝え、交すことによって、我々は自由を手に入れる」と、我々に教えている。

原子化が引き起こす無言症の現状を断ち切ることは不可欠の前提条件である。

言語は現存する事実に対応するものであり、宣伝による動員、隠された利害や動機に対応するものではない。言語は世代の間をいつまでも心に残る物語りでつなぐ紐であり、歴史に意味を与え、誇りと意識を結び付ける行動の原理である。

言語は、意味のごまかしを伝えるものではなく、古い意味から新しい意味を創造して、知性から知性を築くことに結び付かなくてはならない。言語は自由を享受する個人の道具であり、独自の常に新しい目を築くための力の源である。

このような言語こそは、永遠に続く現在という凍りついた我々の世界を砕き、市民の視点を持つ生活を復活させることを可能にするものである。

政治が——管理された民主主義が成し遂げたものを見ると、この言葉は使いたくないのであるが——、人間の経験の地平にもう一度、尊厳を与え直すことは可能ではなかろうか？

一口に言えば、人の生命を否定する世界は否定されなければならない。我々が生まれてきたのは新しいものを作るためであるというはっきりした意識を持つことは、人間の尊厳のための条件である。人間の尊厳を愚弄するものは、我々の身体と同時に我々の精神をも踏みにじるものなのだ。

（訳注一）アルトゥール・クラバンは二〇世紀初頭のフランスの詩人であり、オスカー・ワイルドの甥である。アンドレ・ブルトンによって認められ、世に知られることになった。ボクサーのように攻撃的な詩人であることを自称した。すべての作品を自前で定期刊行として出版し、これを彼は街頭で売った。挑発者であった。

（訳注二）ラ・ボエシー（一五三〇～一五六八年）はフランスの哲学者。セノフォン・ブルタルコスの数編を仏訳したのは十六歳。モンテーニュと親交を結ぶ。主著は専制主義を攻撃した「自発的奴隷状態を論ず、または反一者論」。

結語

Conclusion

ギリシャ人は独特の宗教の才能を持っていたが、それは彼等が自分を見定めようと欲した姿、また彼等がとても良く理解していた人間の姿を反映したものであった。彼等は彼等の神々を見て、人間性とは何なのか、どのようなものでなければならないかを見定めていたのだ。稲妻ゼウスと人間の妻の間の息子であり、ゼウス自身の体から二度目に生まれたディオニュソスは、生まれながらに生と死の二つの王国の市民であったので、(原注五〇)偉大な錯綜の姿を人間に示すことになった。悲劇的な対立、自己矛盾の神として、彼は酩酊と恐怖、喜びと苦悩、生と死の二重の本質を具現している。女達が子供を生むことによって感じるもの、すなわち、新しい生命を前にしたまぶしい感嘆と避けることのできない死への恐れを、ディオニュソスは崇高な威厳へと高めた。

ギリシャ人はこの耐え難い二重性から目を背けず、正面からこれに対峙した。あらゆる静かな安堵に挑戦して、彼等はディオニュソスとともに生と死の錯綜に直面し、季節の移り変わりのサイクルは彼等の神を毎年、さんさんとした輝かしい高みから、破壊と消滅までに突き落とすのであった。彼等はこの明快さを押し進め、この神を仮面の豊かなシンボルによって飾りたてた。こうしてディオニュソスは自分自身であるとともに、すべての人でもあった。彼はギリシャ悲劇の舞台を支配し、人が問いかける問題の核心に位置していた。

デルフォイにおいて、ディオニュソスの儀式はギリシャ人に光と精神を教える神であるアポロンの儀式と密接に結びついていた。アポロンは謎めいた兄弟に心引かれていたとも言われている。かくして、「地におけるディオニュソスの二重性は新しい二重性へと高まって、輪の回りをいつまでも廻り続ける生命と、頭をもたげて遠くを昂然と眺める静かな意思との限りない対立へと発展した」。人間の条件をこれ以上明瞭に言い表わす、ワルタ・オットーの表現以上のものがあろうか？

ギリシャ以降の世紀においては、ディオニュソスの矛盾を受け持ち、人に代わってこの矛盾を解いた一人の神（イエス・キリスト）が遣わされた。そうして、地には合理を尊ぶアポロンだけが残ったのだが、今日ではそのアポロンも干からびて、元気に満ちていた彼の兄弟の思い出までも失って、遠くを眺めようと頭をもたげることさえできないのだ。

我々に放射性廃棄物を忘れさせることは、生きる力を否定し、人間の条件の悲劇的な尊厳を否認していることを忘れさせようとするものであることを最後にもう一度だけ繰り返しておこう。

出来てしまった取り返しのつかないものが埋設されようとしている土地、シンボルを委ねられた土地に住む「望ましからぬ人物」たち、あなたたちが拒否の表明をすることは、まったく理にかなっている。

我々を化石にしてしまおうとする技術者たちに、彼等の使っている言語はあなたたちの言語とは違うものであることを、はっきり表明しようではないか。クラバンの言うように、「あなたたち、生きるということはあなたたちの考えているようなものではありませんよ！」と、はっきりと言おうではないか。

付録 *1*

放射性廃棄物とは

Annexe 1

原子力燃料サイクルの最終段階の諸操作に由来する放射性生成物に対してその管理が予定されている。勿論のことながら、原子力産業のあらゆる放射性廃棄物について述べようとするわけではない。

a　放射性廃棄物の出所(訳注二)

放射性廃棄物は原子力発電所の炉心で起こる原子核反応により生成される。

——主たる放射性廃棄物は、原子核エネルギーの生成に伴う大量の核分裂生成物である。例えば、セシウム一三七（半減期三十年）、ストロンチウム九〇（半減期二十八年）などの非常に多種のベータ線放射性元素などである。これらの放射性元素がほとんど活性を失うまでには、その半減期の二十倍か三十倍の期間、セシウム一三七とストロンチウム九〇の二種の元素に対しては約一千年が必要となる。

——第二の種類の放射性廃棄物は、トランスウラニウム元素またはアクチナイド元素である。これらの元素はウラン元素が中性子を捕獲して、ウランより重い元素に変換することによって生じるものであり、もともと自然界には存在しない元素である。例えばネプチニウム（半減期二百万年）、プルトニウム（半減期二万四千年）などだ。

――第三の種類の放射性廃棄物は、もともとは器材の材料を構成している安定元素が中性子を捕獲して、放射化したものである。これらは、原子核燃料の被覆管やその先端部の蓋の金属、原子炉の水槽や循環パイプの金属などである。放射化した元素は活性化核種と呼ばれており、例えばジルコニウム九三（半減期百五十万年）などである。

これらの原子炉の炉心から直接生成される放射性廃棄物に加えて、次のものがある。

――使用済み核燃料の再処理操作の「過程によって派生する」放射性廃棄物。

――原子力発電所あるいは再処理工場における維持、整備作業などによる「技術に付随した」放射性廃棄物。汚染した衣服、工具、フィルターなど。

原子力安全に関する諮問委員会報告においてカスタン教授が指摘しているように、これらの放射性廃棄物が軍事あるいは民間のいずれに由来するものかはどこにも明記されていないことを述べておこう。

ある種の生成された放射性元素が非活性化するために必要な期間に関して注意しておき

たいことは、この期間が人類文明の歴史期間をはるかに上回っていることである。ネアンデルタール人から現在のホモ・サピエンス人への発展にかかった長い期間が三万年なのだから。

b　放射性廃棄物の分類(訳注二)

フランスでは、三種の原子力廃棄物が分類され定義されている。

——カテゴリーAの低レベル放射性廃棄物：長い半減期のアルファー線放射体の含有率は、貯蔵所全体の平均として廃棄物一トン当たり〇・〇一キュリーを超さないこと。また、廃棄物の梱包一個については、この値の十倍（すなわち一トン当たり〇・一キュリー）を超さないこと。原子力発電所の維持、整備作業に付随するすべての放射性廃棄物、および一部の再処理工場から生じる放射性廃棄物など。すでに満杯になっているラ・マンシュの施設が閉鎖された後は、オーブ県のスレヌの施設にこれらの廃棄物は最終的に貯蔵されており、今後もされる予定である。

——カテゴリーBの低および中レベル放射性廃棄物：カテゴリーAに関して定義された含有率を超す長い半減期のアルファー線放射体を含んでいる。原則として、これらの放射性廃棄物は使用済み核燃料の再処理過程と、そのための維持、整備作業の技術過程に由来するものであり、セメントあるいはアスファルトで梱包されるべきものである。この放射性廃棄物は数千年にわたって隔離されていなければならず、最終的には深地質層に貯蔵されることが予定されている。この廃棄物のアルファー線放射体の含有率は一トン当たり〇・一キュリーから〇・五キュリーである。

——カテゴリーCの高レベル放射性廃棄物：強い放射線放出に伴って大きな熱量を放出している。このカテゴリーには、原子炉から取り出された使用済み核燃料を再処理せずに、そのまま最終廃棄物とするもの、および使用済み核燃料を再処理してガラス体にしたものが含まれる。放射性廃棄物Bと同様、究極的には深地質層に埋蔵することが予定されているが、これに先だって冷却のために数十年間にわたって地表の倉庫で保管される。

（訳注一）放射線を分類すると、アルファ線、ベータ線、ガンマ線、中性子線などの種類があることは良くご存じであろう。これらの放射線の物理的な正体は、アルファ線は高速のヘリウム原子核流、ベータ線は高速の電子流、ガンマ線は電磁波、中性子線は中性子流である。生体のアルファ線や中性子線の照射と、ベータ線やガンマ線の照射を比べると、生体の受ける単位エネルギー当たりの生体の受ける障害の大きさ（生物学的効果比）は、前者が後者の十倍に達することが知られている。どの種類の放射線にも共通した単位で生体に対する放射線被曝量を表わすためには、放射線が生体に与えたエネルギーの大きさと、放射線の種類によって異なる生物学的効果比の両方の因子を取りいれる必要があり、こうして作られた放射線被曝の単位がレム単位やシーベルト単位である。

著者がこの節で説明しようとする放射線に関する分類は、原子力発電の稼働に伴って排出される放射性廃棄物に含まれている放射性諸元素の由来に関するものであり、先に述べた分類とは異なる視点に立つ分類であることに注意したい。第一の種類の放射性元素は核分裂生成物（すなわち死の灰）であり、これはベータ線放出を続ける。第二の種類は核燃料中のウラン二三八が中性子線照射を受けて生じたプルトニウム二三九などの元素であり、これらの元素は長期にわたってアルファ線を放出する。第三の種類は原子炉建材に含まれるジルコニウムなどの諸元素が中性子照射を受けて生じたいろいろの活性化原子であり、これらの元素は長期にわたってベータ線を放出する。これら以外の種類に属する放射性原子も存在する。

（訳注一二）著者がこの節で説明しようとする放射線に関する分類は、廃棄物の処理の観点からなされた放射性廃棄物の分類である。

付録2

闘争の記録

Annexe 2

放射性廃棄物の貯蔵あるいは埋設計画が発表されると、世界のどこででもその土地の「望ましからぬ人物」たちの怒りが直ちに起こっている。

ドイツでは一九九一年六月十八日、モルからの放射性廃棄物の輸送車がゴアレーベン（ドイツ連邦共和国）に到着することを阻止しようとしていた活動家を、警察は暴力を用いて蹴散らした。二回目の輸送車の到着を阻止しようとしていた活動家は平穏に追い出された（タス通信一九九一年六月十三・十五・十七・十八日）。

イギリスが放射性廃棄物の埋設地として選んだ土地から近いゴスフォースの町では、住民の八〇％が反対を表明した。住民の四分の一が隣りの町、セラフィールドの再処理工場に働いているのにも拘わらずであった。反原子力の人々にとって、このような住民の反応は期待以上のものであった（『ザ・ガーディアン』紙一九九一年七月二十四日）。

一九九一年三月九日、旧東ドイツの唯一の原子力廃棄物の埋設墓地の閉鎖と、ゴアレーベンの地下貯蔵計画の放棄を求める二〇〇〇人のデモがドイツで行なわれた（『ル・モンド』

紙一九九一年三月十二日)。

日本では一九九〇年十一月二十六日、釜石での高レベル放射性廃棄物の地下埋蔵所の建設計画が反対運動のグループの抗議により凍結された（『ニュクレアー・フュエル』誌一九九〇年十一月二十七日)。

韓国では一九八八年、チャンアン村の放射性廃棄物の貯蔵に反対するデモの最中、二八人が逮捕され、一人の女性は重傷を負った（『ニューク・インフォ』誌一九八九年五・六月号)。

フランスでは一九八三年、高レベル放射性廃棄物の埋設のための「有利な条件が揃っている」二〇カ所に及ぶ地区を記載した地図が作成されていた。この地図は一九九〇年バターユ報告が現われるまで、秘密にされていた。しかし一九八七年、この内の四カ所が核廃棄物の、あるいは、そのための「実験試験地」の受け入れ可能な地区として指定された。この四カ所とは、ローヌ・アルプ地方北部のエン県、パリ北部のピカルディ地方のエーヌ県、フランス西部のロアール川下流域を占めるメーヌ・エ・ロアール県、およびフランス中部のドゥー・セーヴル県であった。(訳注一) 直ちに「望ましからぬ人物」たちは立ち上がった。メーヌ・エ・ロアール県のガティネ地方では闘争が展開し、アンジェ市では一九八九年、一万八〇〇〇人のデモが行なわれた。ドゥー・セーヴル県のノーヴィ・ブアン村では農業用トラクターに乗った農民が何度も機動隊と衝突した。フランス中部、クルーズ県のオーリア村では他の場所に移転を予定されていた研究施設が、所有地の地下の未来を自分の手に取り戻すことを決意した幾人かの人物により、移転に先立って完全に破壊された。彼等の闘争は、『ガゼート・ニュクレエール』誌一一二号に発表された文章中にたどることができる。これを引用しよう。この闘争は多くの闘争の一例である。

十年ほど前から、IPSN（原子核安全防護局）はクルーズ県のオーリア村で、高レベル放射性廃棄物を埋設したときの花崗岩の振る舞いの研究を行なってきた。これは単なる基礎研究であり、いかなる場合にもこの土地を究極の埋設地とすることはないはずであった。IPSNはこのことをはっきりと肯定していた。

この土地の人々は公的な声明には十分な用心を重ねる必要があることを理解しており、IPSNの気休めの声明を本当には信じておらず、原子力委員会に属するこの施設の動きに対して注意を怠ってはいなかった。二つの事件がこの人々の怒りを爆発させた。

(1) 一九九〇年二月この土地での示威行為が行なわれたとき、公的に指定されている四カ所の廃棄物埋設地（エン、エーヌ、メーヌ・エ・ロワールおよびドゥー・セーヴル）での研究活動を一年間凍結すると言う当時のロカール首相により布告されたモラトリウム（遂行の猶予）

を、オーリアにも適用するという約束をこの土地の人達は得ていた。三〇〇人の人々が、オーリアでも一年間すべてを凍結するという産業大臣の意向表明の直接証人なのであった。

公式にはこのモラトリウムの目的は、究極的な廃棄物の埋設に代わる他の方法を評価するためであった（おそらくは、人々の心配と関心を沈静化させることが目的であったのであろう）。

しかしながら大臣の約束から九カ月目の一九九〇年十一月、IPSNの技術者、シャピウス女史とデルリッシュ氏が再度、この地に訪れる。住民の心配と驚きを前に、二人は情報交換のための住民集会を組織した。この会の席上、このような集会は二月に決定されたモラトリウム違反ではないかとの質問に対して、「モラトリウムですって？　一体何のモラトリウムですか？」とデルリッシュ氏はおおまじめに（！）答えるのを、二月集会の証人達は聞いたのである。

ここに至って、農民達の怒りは限界を超えた。出席者のうちの多くが集会をボイコットし、唯一つ残された道は直接行動に移ることであると考えるに至った。
(2)　一九九〇年末に（主要技術の選択についての議会事務所の）バタイユ報告が発表され、オーリアが放射性廃棄物の埋設適地帯のちょうど一部になっているという一九八三年以来の事実が公表された。この時にも議員たちと熱心な活動家達の怒りが爆発した。

一九八一年の（社会党の）フランス議会では、「住民の意見を無視しては何事も行なわれてはならない」と宣言されている。オーリア住民の意見は原子力委員会も政府も以前から良く知っていた。住民の意見は請願や住民集会に際して、彼等には何度も表明されていたから。

無視されたという立場の帰結として、住民は「法律違反なのではあるが、正当な」行為をどうしても行なわなければならないと感じたのである。住民の所有地の地下を使用不可能なものにしようと言う意図を政府が持っている以上、住民は「この地下を住民の手に戻すことは正当である」と考え、二カ所の埋設孔を永久に塞いでしまったのである。

そして、住民はその場所に次のような「宣言文」を掲げた。

「我々は次のように了解する。

――放射性廃棄物の埋設は長期に亘る安全を保証するものではない無責任な解決法である。

――一九九〇年二月十六日に我々が獲得した一年間に亘るモラトリウムは、放射性廃棄物の処分法が埋設以外にもあるかどうかを考えようとする目的には使われなかった。

――放射性廃棄物の埋設という解決法を現在と将来に亘って我々住民に課するのは反民主主義的である。

我々の所有地の地下が原子力産業のごみ捨て場となることを我々は押し付けられているが、我々はこれを拒否する。
我々は政府と政府の機関をこれ以上信用することは出来ない。そして我々は我々の所有地の地下の将来を、この手に取り戻すことを決意する」

（訳注一）これら四カ所の高レベル放射性廃棄物埋設の候補地の所在は冒頭に掲げる地図2（9ページ）に図示している。

付録3

進歩の信奉者たちの意見

Annexe 3（原注五一）

科学者（医者、生物学者、遺伝学者ら）の一部は、放射性よう素の摂取に起因する甲状腺機能低下症、多かれ少なかれ虚弱な子供の出生の原因となる放射線の奇形や突然変異誘導効果などの複合効果のために、放射性元素を含む空中降下物を受けている地帯で人々の知的平均水準が低下していることに言及している。

非常に警告的な意見として、ジャン・ロスタンは一九五五年のジュネーブでの会議で「放射線は人類の遺伝資本に対して地下レベルの戦争を宣言している」と警告を発している。

この警告に対して進歩の信奉者（イデオローグ）たちは驚くべき方法でこれらの不安をかわした。「人体に対して極めて有害な放射線活性度にさらされたり、あるいは偶発的に高放射線被曝にさらされる人々にとっては、被害の数値は相当であり、優性学の統計では何らかの処置が図られたり、図られる必要があるということになる。しかし、このような対策は実際には考慮されなくても構わない。食料の生産が人口の増加を上回ることが心配される将来の世界では、人類の多産が減少することと、平均寿命が短縮することは基本的には憂慮するには及ばないからだ。しかしながら、これとともに人類の知的水準の低下も進行するという予想は痛ましいものである。凡庸な人々を立て直すために、きわめて知能の高い巨人たちが現われてくることを期待したい。遺伝学者の立場には立たないで、将来の人類全体を考える視点に立つとき、一人のアリストテレス、レオナルド・ダ・ビンチ、ニュートン、ガウス、パストゥール、アインシュタインを生むような突然変異が起これば、九九人の知的障害者を生む突然変異を十分に凌駕して、余りあるものであろう」。

原子核の推進者たちは会議の結末としては、この気分の高揚を受け継いではいなかった。その代わりに、彼等の意見はもう一つのいつも通りのものであった。「このことに関して我々が邪魔なのは、一般人の意見である。結局のところ、どのような進歩もある種の不都合を伴うものであり、広い世界の中に少し放射線を放出させても大きな害悪を生じるものではないということを一般人に理解させなければならないし、一般人の意見がそのようになって欲しい」と。

付録4

科学への幻想

Annexe 4

放射性廃棄物の地中埋設に反対する者は、廃棄物の毒性とその蓄積量増加に対処する方法を遠い未来のいつの日にか科学が発見できるならば、その時埋設した地質層からその廃棄物を再び取り出せるように、埋設物取り出しの「可逆性」をしばしば要求する。

一九九三年、再度バターユは巡礼旅行の杖をとって、新しい埋設地を探してフランス中を駆け巡る。ちょうどこれに付随して、ジャーナリズムには世論形成を高揚するための多数の論文が現われる。これらの記事は、地中埋設の選択を受け入れ易くするように、科学の将来の可能性に信頼を抱かせることに焦点を合わせている。

一九九三年、CERN（ジュネーブのヨーロッパ合同原子核研究所）の研究者カルロ・ルビアは「軍事上の攻撃的兵器には絶対に転用されずに、また放射性廃棄物を産出せずに、無尽蔵にエネルギーを生産することのできるような、粒子加速器を組み合わせた原子力発電所の新しい案」を設計することに成功したと発表した（『ジュネーブ・トリビューン』一九九三年十一月一七日）。彼は放射線なしの核エネルギーを開発したというのだ。この案では、粒子加速器と（ウラニウム二三五の代わりに）トリウムを燃料とする原子炉を組み合わせることが提案されている。そして原子炉内でトリウムを加速器によって照射することによって、核分裂を起こすウラニウム二三三を作るとされている。

次の諸点に注目したい。

(1)　この提案のために必要とされる加速器の能率は現実の産業の及ぶ範囲をはるかに超えたものである。そのような加速器はエネルギー的にも財政的にもとてつもない浪費であろう。

(2)　ウラニウム二三三は原子核分裂によって、質量数九〇と一三〇の二つの核、すなわちストロンチウムとセシウムなどを生じるのであり、この原子核分裂が一つ起きる度に、ウラニウム二三五の原子核崩壊のエネルギーに相応するエネルギーが放出されるのである。故に、従来とまったく等価の放射性元素の混合物、まったく等価の放射性廃棄物を生じる。

(3)　確かにプルトニウムの生産はないが、その代わりにウラニウム二三三は核爆弾の原料になりうるものである（『ラ・ガゼート・ニュークレエール』第一二九～一三〇号）。だから、従来の原子力発電と全く同じ轍を踏むことになるが、原子炉内に中性子分布と熱分布に関する不均一性、異物を導入することによって、技術的な危険性は増加する。原子炉安全の計算によると、局部的に原子核出力の暴走を導きかねないこのような振る舞いは避けるべきであるのだ（GSIENによる情報、未発表）。

しかしながら、ルビア氏に対してノーベル賞が授与されたことによって、研究補助金の雪崩が起きたことであろう。トリウムは地表層にウラニウムの三〜四倍は存在しており、トリウムの利用法が見つかれば大いに興味がある筈なのだから。

この着想が発表された数週間後には、CEAとCOGEMAの研究者たちが「セシウムの放射線を食い止める化学物質の布を開発した」とする、フィリップ・テスタール＝バイヤン氏の記事がリベラシオン紙に発表される。問題の焦点であり、ガラス化して埋設する予定のC級の高レベル放射性廃棄物中に混在している放射性元素の一つであるセシウムをである。この記事は、使用済み核燃料の再処理の方法に関して重要な進歩があって、廃棄物の処理、原子炉の解体、放射線を帯びた場所の除染の解決は「すべて、着実に」実現に近づいていると思わせるようなものであった。

しかし、行なわれた研究を少し子細に眺めると、次のようなことが明らかになった。この実験は試験管の規模を超えるものではなく、実験操作は放射性のセシウムではなく、（非放射性の）安定セシウムを用いてなされたものであり、この化学物質が放射線に曝されたときの振る舞いについては全く未知なのだ。また仮にこの処置法が工業的に開発されたとしても、セシウムの放射線量をわずかでも減少させるのではなく、放射線からの保護のための容器を見つける必要があることには変わりがないのだ（ＧＳＩＥＮによる情報、未発表）。

付録 5

放射性廃棄物の地中埋設についての重要文書

Annexe 5

核廃棄物を生産する者の行動に関する我々の心配を根拠付ける一冊の重要記録文書がある。これはブルーノ・バリヨとマリ・ダビスの「フランス軍の核廃棄物」という、CDRPC（平和と闘争の研究と記録センター）編集の文書である。（連絡先：CDRPC.B.P.1027.69201 Lyon Cedex01）

ここに、この記録文書からいくらかの抜粋を行なおう。

放射性廃液を地中に埋設する行為はアメリカとソ連に限って行なわれていたのではなかった。フランスでも同じことが行なわれている。パリからわずか一八キロのサックレーでは、ストロンチウム九〇、イットリウム九〇、トリチウムで汚染された水一一八八立方メートルが、ローヌ河畔のマルクールでは、プルトニウム汚染された何百トンもの廃土が、ブーシュ・デュ・ローヌのカダラシュでは、低レベル放射性および中レベル放射性の非特定廃棄物三〇三〇立方メートルが、おのおの地中に埋設された。

放射線廃棄物を海洋中に分散させ、河川に流して希釈させることは、フランスでしばしば行なってきたものである。大西洋の北東にある海洋投棄センターには、一九六七年に放射性廃棄物九一八四トンが、一九六九年に九一八〇トンが到着している。そして海洋投棄は一九八二年まで続いている。マルクールの敷地は、諸条件の内でもローヌ川による廃棄物希釈の可能性を重視して選択されたのであるが、ここでは毎日七〇ギガベクレル（七〇〇億ベクレル）の人工放射性元素が投棄された。CRIIRADによると、これらは多くの放射性元素――核分裂生成物、放射化物質およびトランスウラニウム元素――の混合物であり、これらの元素は水棲生物や沈殿物の中にいろいろの形で検出されている。

ブルイエール・ル・シャテルで行なわれた実験は、その近辺（パリから三二キロメートル）に故意にトリチウム八〇〇〇キュリーを撒き散らしたものだが、ジャーナリズムがこれを発表して、少なからぬ動揺を呼び起こした。しかしこの実験は、一九五七年に建設されたバルヂュックの軍事センター（ディジョンから北に五〇キロメートル）で行なわれてきたものを小規模にしたものに過ぎない。このセンターでは一九七四年には三〇〇件、一九七五年には七〇〇件のトリチウム放出事件があり、環境への放出量は一年間に三〇万キュリーに及んでいた（警報システムの警告値は本来の値の七十五倍に引き上げられて、調節変更されていた）。このためにセンターおよび周辺の放射能汚染は増加し続けた。この結果、「ある区域では野菜が放射性廃棄物として扱われるべきである」と記録文書の著者たちは断言している。また放射性廃棄物の数カ所の簡易貯蔵所では地下水層の汚染が進行した。

カダラッシュでも事態は進行している。ここでは一九六九年以来、常軌を逸した実験が行なわれてきた。ガンマ線照射のもとで地中海の自然環境の振る舞いが変化する様子を研究することを目的として、野生地でガンマ線照射を行なったのである。七ヘクタールの「生物保護地区」が設定され、そこで一二〇〇キュリーのセシウム一三七の玉からガンマ線をあらゆる方向に照射した。一九七一年には、「植物が消滅した」したという理由で照射線量を減らすことにした。こうして、植物、小節足動物およびある種の昆虫に対する放射線照射の影響が研究された。しかし、「哺乳動物に対する放射線照射の影響については情報が入手できない」とのことである。

放射能汚染された鉄材を新しい鉄材に混ぜることによる低レベル放射線源の拡散については、その規模は相当のものではあろうが、とにかく一つの試みとしてなされているのであろうと、素朴にも我々は考えてしまう。ところが、この放射線源の散逸はたいへん一般的に行なわれているものであるばかりか、ＣＥＡ（フランス原子力庁）が「この行為を法的に強制して、相当量の放射性鉄材を一般鉄材に混入して処分しようとしており、折り合いのつく最大の範囲まで汚染鉄材の減少を図ろうとしている」ことが明らかになった。換言すれば、ＣＥＡは核廃棄物に関する法規の基準値に手を加えるために大いに影響を発揮している。

このＣＤＲＰＣの記録文書では多くの章の終わりに、次のような質問が付されている。「これらの核廃棄物は現在どこに存在しているのだろうか?」「これらの核廃棄物の行き着く先は何処なのであろうか?」と。

この記録は過去と現在の不法行為、隠蔽、偽瞞、無責任な行為の数々の証拠を収集している。また、この記録文書は生産された原子力廃棄物をどうしても受け入れることができないとする最も根源的な理由を述べている。それは、原子力廃棄物の毒性期間に見合うような長期間にわたってこれを安全に保管する技術・容器材料がないので、その管理は不可能であり、その結果、我々の社会で現在選択している対処をずっと将来にまでそのまま続けることを強制することになるからなのである。ナルボンヌの近くのマルベジで、ピエルラットで、その他の多くの原子力廃棄物の貯蔵庫では地下水系に拡散する放射性物質の漏れを防ごうとしてポンプ系が使用されている。同じように、マルクールでは西のコドレ平野の地下水を隔離するために、長さ四五〇メートルの地下壁が建設された。そしてこの地下壁で地下水を食い止めるために、ポンプをずっと続けて回転させることが必要となる。

いつまで必要なのか?

誰もこの答えを知らない。しかし、原子力廃棄物の深地中貯蔵を研究するＣＥＡの真面目な五カ年計画に携わる専門家たちは、「安全性の評価からすると、最初の一万年の期間にわたるポンプの運転続行が特に重要である」と述べている。

注

Note

（原注一）マリウス・シュムラ著『原子力エネルギー』（キステル、ジュネーブ、一九六二年）八四ページ。

（原注二）前出の原注に同じ。

（原注三）前出の原注に同じ。

（原注四）ＡＮＤＲＡ：Agence nationale des déchets radioactifs.

（原注五）ラ・アーグの放射性廃棄物貯蔵所についてはＡＣＲＯ（フランス西部放射線監視協会）編集による文献「ラ・マンシュの放射性廃棄物貯蔵所、その明細とデータ」（一九九四年）を参考にされたい。ＡＣＲＯ連絡先：ACRO, 18, rue Savorgnan-de-Brazza, 14000, CAEN CEDEX
（原注六）ノルマンディーの原子力産業の実力者オルナノによる報告書「オルナノ報告」（一九七四年）を参照のこと。

（原注七）イオン化線防護中央局の局長、ピエール・ペルラン氏が用いた表現。

（原注八）経済協力開発機構の代表Ｊ・Ｐ・オリビエ、「バターユ報告」。

（原注九）世界百科辞典、五九四ページ。

（原注一〇）『ル・モンド・ディプロマティーク』紙（一九九二年三月）。

（原注一一）ドローム県ピエールラットの放射線防護工場の最近の事件は、このような処置が行なわれていることを示すものである。『CRII-RAD』誌（一九九四年一月二五号）参照。

（原注一二）「技術がもたらした自然放射線の増加」とは新しい核施設が稼働する前後の放射線量を比較して、その間の放射線量の増加を見積もるためのアメリカで採用された考え方。放射線環境に対して新しい核施設が及ぼす影響を評価し、その施設が責任を負わない汚染を区別・分離するために施設稼働以前の放射線値を測定し、評価する必要が生まれた。大気中核実験による放射性降下物を主とした放射線の人為による増加を免れた場所は地球上にはどこにも実際には存在していなかった。

（原注一三）『CRII-RAD』誌（一九九二年七・八月号）。

（原注一四）『医学と核戦争』誌（八巻三号三八ページ）の「緑のエッセイ」より。

（原注一五）『ガゼート・ニュクレエール』誌（七八〜七九号、一九八七年七月）の付録五。

（原注一六）J・P・シャピラ「放射性廃棄物の管理」（IPSN、オルセイ）。

（原注一七）前出の原注に同じ。

（原注一八）前出の原注に同じ。

（原注一九）カスタン教授、「バターユ報告」（一九九一年）二四三ページ。

（原注二〇）E・プリウール『環境法』誌（一九九二年一号）「放射性廃棄物、社会問題のための臨時措置法」。

（原注二一）ＣＦＤＴ（フランス民主労連）向けに、地下埋設の処分を行なうためにカテゴリーＢの低中レベル放射性廃棄物の体積をわざと大きくして、深地中貯蔵センター開設の緊急性を認めさせようとしたようである（二〇世紀末の放射性廃棄物の貯蔵情報データ・ＣＦＤＴ。一九九一年五月参照）。

（原注二二）経済協力開発機構原子力エネルギー事務所による情報。「バターユ報告」より。

（原注二三）ルービロワ「バターユ報告」（二七一ページ）。

（原注二四）『ル・モンド』紙（一九九三年六月九日）。

（原注二五）ルービロワ「バターユ報告」（二四三ページ）。

（原注二六）Ｅ・リード著『英国における放射性廃棄物』（グラスゴー、一九九一年）。

（原注二七）Ｍ・ビュリ著『プルトニウム社会についての黄書』（ＡＰＡＧ出版、ジュネーブ、一九八一年）。

（原注二八）前出の原注に同じ。

（原注二九）『ガゼート・ニュクレエール』誌（一一七〜一一八号、一九九二年）。

（原注三〇）ミシェル・ブナンの著『名状し難い生活』（エディション・アリア、一九九一年）三三ページにおいて、ルイ・ド・ブルウェールの研究を引用して次のように記されている。「フランス人の平均寿命は一九六五年以来増加していない。また、十五歳から二十歳の年齢層の死亡率は現実には、毎年二％ずつ増加している。また、世界のすべての工業国で四十歳から五十歳の男子の死亡率は最近増加の傾向がある。五十歳の男子の平均寿命は二十世紀初頭からほとんど変化せず、医学界では楽観的な見方がなされているが実際には慢性的な落ち込みを示している」と。

（原注三一）「バターユ報告」一〇二ページ。

（原注三二）前出の原注に同じ。

（原注三三）このことについては、ベルベオーク夫妻の『チェルノブイリの惨事』（エディション・アリア、パリ、一九九三年）、（桜井醇児訳、緑風出版、一九九四年）を参照のこと。

（原注三四）ミシェル・ブナン著『エイズの時代』、『名状し難い生活』（エディション・アリア、パリ）に置ける議論を参照のこと。

（原注三五）ミシェル・ブナン著『名状し難い生活』（エディション・アリア）二一一ページ。

（原注三六）リムーザンの放射性廃棄物貯蔵所の危険性に関する公開討論会の席上、ある女性は、COGEMAが貯蔵所の拒否の仕返しに、彼の夫が働いている鉱山を閉鎖するのではないかと恐れていた。彼女は「私達が欲しいのは仕事なのです。たとえその仕事で死ななければならないとしても！」と公言したのを、私は確かに聞いた。

（原注三七）ルイス・マンフォード著『歴史における都市』（スイユ、パリ、一九六四年）二二三ページ。

（原注三八）ハンナ・アーレント著『文化の危機』（ガリマール、パリ、一九七二年）一一九ページ。

（原注三九）ハンナ・アーレント著『文化の危機』（ガリマール、パリ、一九七二年）一九三ページ。

（原注四〇）ギ・ドボール著『スペクタクルの社会について』（エディション・レボヴィッチ、一九八八年）一二ページ。

（原注四一）ハンナ・アーレント著『虚偽から暴力へ』（カルマン・レビ、一九七二年）一三八ページ。

（原注四二）ミシェル・ブーナン著『名状し難い生活』（エディション・アリア、パリ）九五ページ。

（原注四三）ミシェル・ブーナン著『名状し難い生活』（エディション・アリア、パリ）一一八ページ以降。

（原注四四）前出の原注に同じ。

（原注四五）ハンナ・アーレント著『文化の危機』（ガリマール、パリ、一九七二年）二九一ページ。

（原注四六）ロジェ・ベルベオーク著「原子力社会」、『哲学概念辞書』（パリ大学出版）二四〇二ページ。

（原注四七）例えば、モネット・バカン著『フランケンシュタイン、または理性の錯乱』（エディション・F・ブーラン、一九八八年）を参照。人工生殖に関する論述がなされている。

（原注四八）J・P・ベルナン著『個人と死と愛』（ガリマール、パリ、一九八九年）一一八ページ。

（原注四九）ハンナ・アーレント、前出。

（原注五〇）ワルター・オット著『ディオニュソス、神話と儀式』（ガリマール、パリ、一九九二年）八〇ページ。

（原注五一）シャルル＝ノエル・マルタン著『原子、世界の主人』（エディション・ル・サンチュリオン、パリ、一九五六年）。

略号

Glossaire

ANDRA：Agence nationale des déchets radioactifs（フランス放射性廃棄物管理庁）

ACRO：Association pour le controle de la radioactivité dans l'Ouest（フランス西部放射線監視協会）。一九〇一号法に基づく協会であり、放射線測定の独立実験所を持つ。連絡先：18,rue Savorgnan-de-Brazza 14000 CAEN CEDEX

CEA：Commisariat d'énergie atomique（フランス原子力庁）

CIPR：Commission internationale de protection radiologique, Vienne（国際放射線防護委員会、ウイーン）

COGEMA：Compagnie générale des matières radioactives（フランス電力公社）

CRII–RAD：Commission de recherche et d'information indépendante sur la radioactivité（放射線独立情報・調査委員会）。一九〇一号法に基づく協会であり、放射線測定の独立実験所を持つ。連絡先：Immeuble CIME 26000 Valence

CSM：Centre de stockage de la Manche（ラ・マンシュ放射性廃棄物貯蔵センター）

Curie（キュリー）：放射性物質の放射性活性度の単位。一キュリーの放射性物質においては、一秒間当たり三・七＊一〇の一〇乗個の放射線放出を伴う原子核崩壊あるいは原子核レベル間遷移が起こっている。

GSIEN：Groupement de scientifiques pour l'information sur l'énergie nucléaire（原子核エネルギー情報のための科学者グループ）、連絡先：2,rue Francois-Villon 91400 Orsay

IPSN：Institut de protection et de sûreté nucléaire, Orsay（原子核安全防護局オルセー）

La Gazette nucléaire（ラ・ガゼート・ニュークレエール）。GSIENが出版する二カ月一回の刊行誌。

Médecine et guerre nucléaire（医学と核戦争）：Asociation des médicins francais pour la prévention de la guerre nucléaire（核戦争防止のためのフランス医師協会）の刊行誌、連絡先：AMFPGN 5, rue Las-Cases,75007 Paris）

MOX：Mixed Oxide（ウラニウム酸化物とプルトニウム酸化物の混合した核燃料）

Rem：放射能汚染または照射を受けた生体組織の放射線吸収量の単位

フランスの原子力と放射性廃棄物「処分」の現状についてのノート

桜井醇児

1 原子力と放射性廃棄物

石油や石炭などの化石燃料を燃焼させると炭酸ガスCO_2と水蒸気H_2Oが廃棄物として産出するが、この廃棄物は人体にとって直接的な害がない。またそれに加えて、炭酸ガスは植物により酸素に還元される。また、水は熱せられ水蒸気となり大気中に蒸発し、大気中で冷却され雨となり地球を潤し、生命系を育んでいる。地球上で炭酸ガスと水はおのおの固有のサイクルを作り、循環して、その総量はほぼ一定に保たれている。これらの物質サイクルが地球を定常状態に保ち、その中であらゆる生物が生存することを可能としている。これらのサイクルが存在するので、ある程度までの量の化石燃料を燃焼させ、炭酸ガスと水蒸気を空中に放出することが可能なのである。化石燃料の燃焼は生命系を含む地球の生態のサイクルに馴染む反応なのである。

化石燃料の燃焼反応は、木材の燃焼反応、木材から作った炭や紙や繊維などの燃焼反応と基本的に共通のものである。そして、人類が他の生物種から別れた独自の発展を遂げるようになった要因は火を制御すること、木材などの燃焼反応を制御することに端を発することは歴史の示すところである。

人類は二〇世紀の前半、非常に大きなエネルギー放出を伴う原子核分裂の反応を人為的に点火することに成功した。ウラン二三五やプルトニウム二三九などの原子核は中性子によって原子核分裂の反応を起こし非常に大きなエネルギー放出を行なって、廃棄物を産出する。ところがこの廃棄物は、人間などの生命にとって危険の大きいものであり、そのために死の灰と呼ばれている。放出される廃棄物は最初には非常な放射線の活性を持っているが、半減期と呼ばれる時間スケールで放射線量は半分、半減期の十倍の期間で放射線量は千分の一となり、生命にとって無害な安定状態へとゆっくり落ち着いて行く。半減期は、原子核種によって固有のものであり、極めて短いものから極めて長いものまである。死の灰は十分な安定状態に落ち着いて行くまでの長い期間にわたって、生体に被曝を与え、重大な障害をもたらし、遂には死に追いやり、生態系を脅かし、これを破壊する。死の灰は生態系には馴染まないものなのである。

この難点を避けようとして、死の灰の出ない原子核分裂を探そうとする試みをするとすれば、それは炭酸ガスの出ない石油の燃焼反応を探そうとするのと似ており、不可能で無意味であることをはっきりさせておこう。原子力産業が排出する放射性廃棄物を生態系にとって無害化するような処分方法は原理的に存在しないのである。死の灰の生態系に対する有毒性は、原子力産業の重い鎖である。しかし、そこで諦めたのでは原子力産業は成り立たないので、何とかこれを処分しようとして抜本的ではない方策を講じることになる。このような処分を「処分」と記そう。

このような「処分」として、死の灰を生態系から完全に隔離できれば大成功であろう。ところで、隔離の期間が問題である。死の灰の核種によっては、長い半減期を持つ。例えばプルトニウムの半減期は二万四千年である。プルトニウムの放射線量が初めの十分の一になるまで、すなわち半減期の十倍の期間、二十四万年間にわたってプルトニウムを隔離・保管するということは、人類にとって半永久的であり、想像を絶するものである。人が人為的に作り出したものは、必ず混じり、拡散して、散逸してしまう運命にあり、隔離・保管することは、およそ不可能である。

一〇〇万キロワットの電気出力の加圧水型原子炉ＰＷＲを例にとって、具体的に述べよう。この中には、約四万本の濃縮ウラン（ウラン二三五濃縮度三％、残り九七％はウラン二三八）の燃料棒が装荷され、おのおのの燃料棒の内部には酸化ウランのペレットが錠剤のように積み重なっている。装荷された燃料中のウランの重さは一〇〇トンに及ぶ。原子核分裂の死の灰は燃料棒のペレットの内部に溜まっており、原子炉を一年間運転した後には、核燃料の約四分の一が使用済みとなり、新燃料と交換される。使用済み燃料にはウラン二三五はほぼ無くなっている。その残存物の組成は燃焼条件によって異なるが通常、ウラン二三八が九五〜九六％、燃料の燃焼中に生成したプルトニウムが〇・二％〜一％含まれており、プルトニウム以外の死の灰が三％〜四％である。使用済み燃料棒に中に溜まった死の灰は発熱を続けるので、原子炉に接続して設備されている水槽に使用済み燃料棒を移して、強制冷却を続ける必要がある。

しかし多くの原子炉の冷却水槽は使用済み燃料棒でほぼ満杯になっている。この状態をこのまま、放置するわけには行かない。使用済み燃料棒の内部に低濃度で溜まったプルトニウムという人工元素は新たにもう一度核分裂させることができるものである。原発推進者はこれを放置したくない。かくして再処理工場が作られ、ここでは使用済み燃料を処理してこの中からプルトニウムを取り出し、他の使い道のない死の灰を分離することを目的とする困難な化学操作が始められる。

使用済み燃料棒は切断され、強腐蝕溶液中で溶解され、酸性・アルカリ性の多種に及ぶ化学試薬中で、プルトニウムや主な死の灰の元素が異なる化合物として分離されることになる。この化学過程を通して、化学試薬や、酸性・アルカリ性の溶液には放射性元素が混入し、放射性を帯びた廃液や廃棄物の体積はきわめて大きなものとなる。化学処置を繰返しプルトニウムを純度よく回収しようとすれば、プルトニウム以外の放射性廃棄物を大きな体積に拡散させるのだ。死の灰の内、第二、第三の別の放射性元素を改めて回収する作業を続ければ、それ以外の残りの放射性物質はもっと拡散し、その作業と管理のための経費はさらに膨大となってしまう。

日本では、一〇〇〇トンの使用済み核燃料が毎年、産出される。今までに産出された使用済み核燃料の総量は、一万五〇〇〇トンである。このうち、東海村の再処理工場で再処理された使用済み核燃料の総量は九四〇トンであり、ラ・アーグとセラフィールドの再処理工場で再処理されたものは七一三〇トンである。半分が再処理され、もう半分は日本各地の原発の冷却水槽に行先き未定のまま溜まっているのである。

ラ・アーグとセラフィールドの再処理工場では再処理の総量が発表されていない。一部には兵器製造のために再処理したものが混ざっており、また外国の原発の依頼で再処理したものが自国の原発の使用済み燃料の再処理と混じっているため、発表し難いのであろうか。一九九八年に稼働したイギリスのソープ再処理工場を加えた英仏両国の再処理能力は年間二三五〇トンであると発表されている。またイギリス型のガス冷却炉に用いられたマグノックス燃料、合計四万トンが、主としてセラフィールドの再処理工場で現在までに処理されている。

ラ・アーグやセラフィールドの再処理工場では今までに重大な放射性汚染が起こったことが報告されている。施設近辺の住民に放射線の被曝によると考えられる健康障害が多発していることは、両施設で以前から常時、放射性物質を放出し拡散させているからに他ならない。この事実は、使用済み燃料の再処理に付随して放射性物質の一部をどうしても周囲に拡散させてしまうことを、物語っている。

放射性廃棄物は行きどころがないし、もしこれを無理に流通させ処理しようとすれば、生態系を汚染し、人間の活動領域を許容できない濃度にまで汚染してしまい、健康に障害を起こしてしまうのである。原子力発電はトイレのないマンションであるといわれてきた。ドギオーム氏はこれを便秘状態とも表現している。トイレなしで、便秘状態のままスタートしたのが原子力発電である。

2 世界第二の原子力国となったフランスの原子力政策

フランスでは一九四五年、第二次世界大戦の終結の年に、CEA（フランス原子力庁）が創設され軍事と民事の原子力政策の推進が図られる。一九四六年、CEA長官にはフレデリック・ジョリオ＝キュリーが、同委員には妻イレーヌが任命される。研究の公開を主張し続けていたフレデリックは、原子力情報を制限しようとするアメリカの圧力に負けずに、フランスで最初の研究原子炉ゾエを建設し、一九四八年、この原子炉で原子核分裂連鎖反応の臨界状態を実現する。

しかしソ連が一九四九年原爆実験に成功すると、東西の緊張関係は強まり、欧米では反共政策が吹き荒れる。一九五〇年、ジョリオ＝キュリー夫妻はCEAの役職を罷免され、ジョリオ＝キュリーの下に進められたフランス独自の公開の研究はストップしてしまう。

一九五四年、アイゼンハウアー大統領は国連総会で原子力平和利用の方針を提案する。これは軍事核技術のみならず、民事核技術においてもアメリカの指導性と権益を保護し、これを確実にしようとするものであった。同年、アメリカは原子力潜水艦ノーチラス号を就役させる。ウエスチングハウス社は、この潜水艦に搭載した原子炉を民事用のＰＷＲ（加圧式軽水発電炉）として商業ベースに乗せた。それまで原子力開発に積極的に参入していたのはアメリカ、イギリス、フランス、ソ連、カナダとスウェーデンであり、おのおの独自のデザインに基づいたかなり異なるタイプの原子炉を設計し、開発しようとしていたのだが、この頃から東西ブロックの各々でアメリカ型とソ連型の軽水炉に次第に集約されることになった。一九六四年、ジェネラル・エレクトリック社はＢＷＲ（沸騰式軽水発電炉）を商業実用炉として売り出す。

訳者がパソコンでＹａｈｏｏフランスを用いて調べたところによると、「一九七〇年を境にして、西側陣営の諸国はアメリカを初めフランスや日本がこぞって、ウエスチングハウス社とジェネラル・エレクトリック社に原発を発注する。フランスは基準の統一を念頭において、ＰＷＲ型のみに集中して合計五四基の原発を発注し、自国の発電量の八〇％を原発により賄い、原発依存率では世界第一位、原発発電量ではアメリカに次ぐ世界第二の原発立国となるに至った」とあった。ショー原発とシボー原発、各々二基ずつが一九九六年から一九九九年にかけて稼働し、以来、フランスのＰＷＲ型原発は五八基となっている。このホームページの情報は前のまま変更されていない。これらの原発は二基、四基あるいは六基とまとまって一九カ所にわたって所在している。これらの所在地を図示した。引用したＹａｈｏｏフランスの情報の中で、基準の統一を念頭にというくだりには引っかかるものがある。これについては後に触れよう。それにしても、西側諸国の資源政策にこのような重要な変化をもたらせた理由は何であったのか？　それ以来三十年近くも経過した現在、その理由に歴史的な必然があったならばそれは誰の目にも見えてくるはずであろう。ところがどうしてか、その理由は判然としていないようだ。

一九七三年の第一次オイルショックが非産油国を原子力に走らせたという説明がある。石油供給については、中東戦争の国際情勢を背景にした産油国とアメリカの政治的思惑、メジャーや投機筋の権益等が経済要因にからみ、その分析は簡単でない。ＯＰＥＣ（石油輸出国機構）は原油生産の削減と、イスラエル支援国に対する石油割り当て削減の政策を打ち出し、それ以前には一バレル二〜三ドルであった原油価格は一九八一年には十五倍に達し、ガソリンスタンドにおける自動車用ガソリン価格も二〜三倍に達した。こうしてＯＰＥＣ諸国は巨大な富を得たが、その後、北海油田の開発などを契機に原油支配力を失い、原油価格は下落した。しかしこの間、日本のセメントなど諸化学工業、高速道路、自動車や新幹線などの交通機関、高層ビル、住宅建材、電気機器等々の生産に関連した巨大産業の活動は加速的に進行し、日本の工業化と列島改造は進展した。そしてこれらの産業が石油を中心にした化石燃料の資源エネルギーに基礎を置くものであることは周知の事実である。これらの産業を推進することによって得られる利潤は、原油価格の高騰と比べてはるかに大きいものであり、産業界では石油依存の基本方針を変えていないことは歴然としている。またこの間、石油と天然ガスの輸入量は結局のところ、それまでのような年ごとの増加を示さなくなったが、大きな落ち込みも示していない。オイルショックが非産油国を原子力に走らせたというのは言い訳に過ぎないのではなかろうか？

広瀬隆氏は『赤い盾』（集英社）において、世界の大富豪の家系とその閨閥の大調査を行なった。その結果、大富豪に繋がりを持つことをステータス・シンボルとして重要視する同門の一族が存在することと、その一族が世界中で経済、政治の極めて重要な役割を果たしており、産業革命以来の世界の動向に決定的な役割を果たしているというユニークな試論を展開している。

資源政策に関する訳者の疑問について、この「赤い盾」における広瀬氏の説明を訳者がごく簡単に要約すれば、それはおおよそ次のようなものになる。「フランスの金融界を支配し、あらゆる経済や政治や文化活動に細かく根を張り巡らせているロスチャイルドの家系とその閨閥に属する一族は、その代弁者であるジスカールデスタン大統領を擁立して原子力産業に全面投入した。五四基の原発は、アメリカのウエスチングハウス社とフランスのロスチャイルド・ウエスチングハウス社の合弁で建設し稼働された。そしてその権益と利潤はロスチャイルド一属で独占されたのである」と。

なるほど、そうだったのか。そうであれば、フランスは文字通り、急に原子力事業にダッシュした訳だ。このような動機ならば、フランス市民の歴史的な必然としては浮かび上がらなかったのも理解できる。かえって、民意は抑圧されるべきものであったはずである。ドギオーム氏の指摘するように、偽瞞と宣伝によって人々の関心を都会におけるモードと消費へと向かわせる必要があったのだ。

ロスチャイルド系の財閥にとってはジェネラル・エレクトリック社は一族以外なのだ。「企画を統一するために」五四基の原発をすべてPWR型とした言うYahoo情報は、苦しい言い逃れであろう。この言い逃れに対する反論が次々と浮かぶ。アメリカ自身、規格が統一されていないために困っているという報告はない。日本では五〇サイクルと六〇サイクルの電源系が共存していても、現実に何とかなっているではないか! それまではいろいろのタイプの原発に手をつけておきながら、何時からどんな経緯で規格を統一することになったのか？　また仮に規格を統一するならＰＷＲとＢＷＲの優劣はどのように判断したのか？　ふと気になったＹａｈｏｏ情報の言い逃れの下に、率直には言えない大事実が隠れていると訳者には感じられた。本当に全部を信じてもよいのかなとそれまでためらい勝ちであった広瀬氏の解釈が、訳者にはずっと真実性を帯びたものとなった次第である。

さらに広瀬氏は、同財閥の一族が世界最大級の南アフリカのウラン鉱山の権益をすでに確保しており、原発トラストを一回り大きくして一族の手に握ろうと意図していたことについても述べている。

フランスが一九七〇年前後に着手したものは、ＰＷＲ網だけではない。これに加えて、高速増殖炉と使用済み核燃料の再処理工場にも着手しているのだ。この二つは原発と比べても格段に技術的な困難があり、スケールが大きく、膨大な建設費を要するものである。天然ウランの中には〇・七％のウラン二三五と九九・三％のウラン二三八が混合していること、原子炉の中で核分裂を起こすのは〇・七％のウラン二三五であること、ウラン二三八は中性子を吸収してプルトニウム二三九に核種変換すること、プルトニウム二三九は核分裂を起こし得る核種であることなどの基本事項に再度注意しよう。ウラン二三五が燃え尽きた使用済み燃料の中にはプルトニウム二三九が少量生成している。使用済み燃料を再処理してこの中からプルトニウムを取り出し、高速増殖炉を用いてこれを核分裂させ燃焼させれば、夢の核サイクルが実現する。天然ウラン中のほとんど、九九・三％を占めるウラン二三八をも燃焼させ、同量の天然ウランから今までの百倍以上のエネルギーを取り出すと言うのだ。これを実現させるための技術の両輪を構成するものが、使用済み核燃料の再処理工場と高速増殖炉なのである。マルビルの高速増殖炉は一九七六年に着工され、同じころ、ラ・アーグの再処理工場は核燃料サイクルを念頭にして大規模に拡大される。核燃料サイクルを実現して、利潤を「再処理」する夢は「増殖」を続けたのだ。

3 訳者がためらいながら思ったこと

フランスにおける放射性廃棄物の処理に関する説明を続ける前に、少し脇道にそれることを許していただきたい。フランスが世界第二の原子力大国としての道を選んだ選択とその歩みを述べつつ、訳者は物思いに耽ってしまうことがあった。このことに関して少し触れておきたいのだ。

ロスチャイルド一族はユダヤ系の家系であったので、もともとは金貸業としての活動しか許されていなかった。フランスにやってきたロスチャイルド一族の子孫が先ず目をつけたのは鉄道であった。鉄道が商品経済の広域の流通と活性化、規模の拡大に決定的な役割を担うものとして直感し、鉄道にダッシュをかけたのである。これは見事な成果を産み、最初の巨万の利益を得たロスチャイルド家は財閥としての揺るぎない地位を固めることができた。それ以来、一族はフランス国内と植民地におけるあらゆる重要産業を形成・育成し、世界の財閥となった。

染め物屋「越後屋」兼、行商・金貸人として上京した三井一族は質素、倹約に勤め、少しずつ利潤を重ね、やがて明治時代にはその活動の視点を広げてあらゆる近代の重工業と商業に関与し、日本の代表的な財閥としての地位を築くことに成功した。ロスチャイルドと三井の出世ばなしには共通のものがある。新しいものを嗅ぎつける良い嗅覚を持っていたのは確かであろう。金持ちとはそういったものだ。

第二次大戦以降、財閥たちの原子力に寄せた関心は未開の大鉱脈の発見に寄せる関心と同じだったのではなかろうか？　しかし、彼等は物理学者ではない。彼等は、核分裂連鎖反応の持つ衝撃的な意味を敏感に直感したには違いないが、これを物理的な脈絡で理解することは容易ではなかったに違いない。彼等は、高名な物理学者の原子力に対するコメントなどにも耳をそばだてていたであろう。ここで訳者の気になるのが、ノーベル賞を受賞した高名な物理学者たちが広島の原子爆弾のニュースに接したときの態度である。

広島に原爆が落とされたというニュースに接したフレデリック・ジョリオ＝キュリーは、原爆の完成には同氏らの発見が大きな貢献をしていることを誇っており、彼等が行なった「原子核分裂の研究結果をまとめた論文はすでに発表しており、特許も獲得されている」との声明文を発表した。また、量子力学の創始者の一人であるド・ブロイは「数グラムの物質が核分裂を起こすことによって、油、蒸気、石油よりも大きなエネルギーを人類は取り出すことに成功するであろう。原爆は人類を原子力時代に移行させることを可能にした出来事である」とのコメントを寄せている。

広島に原爆が落とされたというニュースに接して、彼等は、一瞬に虐殺された二〇万人の市民、広島在住の人々の苦痛と悲劇について思いを馳せたのではなく、かつて人類の歴史には出現したことのない巨大な力が地球上に実現したことに対する感激を述べたのである。彼等は、彼等の従事してきた原子力研究は必ず人類の発展と幸福に貢献するものであると確信して、全面的な信頼を無条件に寄せていたのである。

このような科学者たちの原子力に対する手放しの賛歌は、相応の波及効果を持って世の中に伝わったことであろう。そして、財閥たちの原子力に対する対応にも多少の影響を持ったかもしれないと、訳者は思うのである。

原子核分裂の連鎖反応の可能性は、二つのグループにより発見された物理の基礎研究を足し合わすことによって可能となった。一つはジョリオ＝キュリーらのフランス・グループの研究であり、もう一つはハーン、ストラスマン、マイトナーのドイツ・グループの研究である。

後者の三人のグループの内、ユダヤ系の女子物理学者マイトナーはドイツからの脱出を余儀なくされていた。ストラスマンはハーンの助手である。ドイツが一九四五年五月に無条件降伏し、ハーンら物理学者はドイツの原爆研究の進展状況を調査するためにイギリスに拘留されていた。広島原爆投下のニュースを拘留所で聞いたハーンは、彼の研究が広島市民の一瞬の大虐殺の糸口になったことを悔やんで強く落胆し、周りの人々は彼が自殺でも試みるのではないかと心配するほどであったと伝えられている（ハイゼンベルグ著『部分と全体』みすず書房）。

原爆投下のニュースに接したときの二人のノーベル賞学者、ジョリオ＝キュリーとハーンの態度はこのような大きな対比がある。二人の態度と、二人を取り囲んでいた状況とを突き合わしてみたい。

ジョリオ＝キュリーには科学発見の大きな貢献をして、第二次大戦中はレジスタンスとしてナチスに身を挺して闘った自負がある。この自負に国民の原爆に対する驚異と彼の貢献に対する賞賛が繋がってしまった時に、ジョリオ＝キュリーには敗戦が目の前に迫っている日本において二〇万人の市民が一瞬のうちに焼き殺された事実は、遠い国の出来事として退いたのであろう。他方、原爆実現に貢献があったことなどドイツの誰一人として思い出しもしない抑留中の生活を送っているハーンは、率直に広島市民の惨状に思いを馳せたのである。

人の考え方と意識を左右するいろいろの地平があるのだ。ジョリオ＝キュリーは自分の立っている地平を何の疑いもなく初めから決めてしまっていたのではなかろうか？ そのために別の地平も存在しているかも知れないという思いが頭の中をよぎりもしなかったのでないだろうか？

夫婦二世代が続けてノーベル賞を受けた誉高いキュリー家の方々は、放射線の身体に対する危険性については意識を馳せずに、無頓着であった（第2章の訳注一参照）。このことも、彼等が常にある立場に立っていたとすれば、ある程度の納得がゆくものになる。この解釈はあくまでも外面的である。これらの偉大な科学者の内面の苦悩と展望をたどり、彼等の態度の違いの理由付けを試みたりすることを訳者は差し控えたい。訳者は彼等の伝記もろくに読んでもいないのだから。

もう少し付け加えよう。フランスでは放射線の危険に関して市民の日常的な合意が出来ていないという感想を訳者は持っている。チェルノブイリ事故の後に、フランスの研究所を訪れていた訳者は、周りの共同研究者たちに事故による放射性降下物のフランスにおける影響について尋ねてみた。はっきりした答えが返ってこない。訳者は「放射性降下物がフランス国境まで来たとき、急に風向きが変化してフランスは汚染を免れた」とするフランスの新聞ニュースについてどう考えるかと畳み掛けた。このニュースは、神風が吹いたかのような印象を与えるものであったのだ。訳者が尊敬している共同研究者たちは、困ったことを指摘されたという表情で、はにかんだような表情で笑った。それから真面目な表情になり、「とにかく、そのような微量の放射性降下物は心配するに及ばない。私は以前とまったく同じように野性の茸を食べている」と言うのであった。茸が放射性元素を濃縮することは良く知られている。ここにも、訳者の共同研究者たちが選んでいる立場を感じざるを得なかった。

日本では、放射線に汚染された食品を平気で食べると公言する人は少なくとも身の回りでは聞いたことがない。これは広島と長崎の市民が原爆によって受けた犠牲の影響なのではなかろうか？ 広島と長崎の市民が原爆によって受けた悲劇を日本人は多かれ少なかれ聞いており、彼等の受けた苦痛を多少なりとも理解できる立場に立っていることを物語っているのではなかろうか？ これは国が立っている立場の問題であり、国柄、国の気風・風土と呼ばれるものを形成しているのではなかろうか？

疑問はまだ続く。日本が放射線被曝に対して批判的な傾向を持つ国柄だとしても、日本は現実にフランスと同じように原子力を強く推進している。これは何故だろうか？ 現在のところ、訳者にはその答えは分からない。

原子力は両刃の剣であり、マイナスに働くと兵器になるが、プラスに転嫁すると電気を作るとする宣伝が行き渡りすぎているのは事実である。しかし、これがすべてでもあるまい。我々はドギオーム氏の言う「判断を分断されて、はっきりした主体が見えない」状態に陥っているというべきであろう。

4 フランスの放射性廃棄物「処分」の方針と現状

これまで、フランスが世界第二の原子力国家となるまでの経緯を簡単に述べた。ここで、原子力産業が産出する放射性廃棄物が、どのように取り扱われているかについて述べよう。

すべての放射性廃棄物は付録1にドギオーム氏が記しているようにA、B、Cの三つのカテゴリーに分類され、定義されている。しかし、三つのカテゴリーで数量的に分類が明記されているのは、例えばプルトニウム二三九（半減期は二万四千年）などのアルファ線を放射する元素の含有率だけである。A、B、Cの三つのカテゴリーの放射性廃棄物はアルファ線放射に関しておのおの、低、中、高レベル放射性廃棄物に相当する。再処理を念頭にする分類としては役立つかもしれない。しかし、ベータ線やガンマ線を放射する核種に関しては数量的な定義がない。故にベータ線やガンマ線を放射する核種がかなり大量にカテゴリーAにも含まれているかもしれず、現時点ではカテゴリーAは相当な高レベル放射性廃棄物であるかもしれない。廃棄物に含まれている核種の半減期の種類とその混じり方によって、廃棄物の放射線強度は異なった弱まりかたをする。最初からすっきりしない記述となった。しかし、これは訳者の説明がまずいためではない。放射性廃棄物は大変異なる物理・化学的性質を持つ極めて多くの元素の混合物であり、この安全性を簡単に一つの尺度で定義しようとすることが無理で不十分なのだ。

なるだけ分かりやすく具体的な説明を試みよう。マンシュ県にあるラ・アーグ再処理工場に隣接したラ・マンシュ廃棄物処理場において、カテゴリーAに属する放射性廃棄物が地表埋設処理されている様子を紹介しよう。混合して収集されたカテゴリーAに属する低レベル放射性廃棄物は適宜に分別され、液状のものは水分を蒸発させ、燃焼可能なものは燃焼され、形の複雑なものは切断されて、ドラム缶に詰められる。セメント、アスファルト、合成樹脂で固定されて、セメント容器に詰めることもある。これらの容器は番号付けされ、排水溝のあるセメント床に並べられ、六メートルの高さまで積み重ねられ、容器のすき間には砂利が詰め込まれて容器は固定される。その上を不透水粘土で覆い、土墳状とする。

ラ・マンシュの廃棄物処理場は一九六九年に操業を開始して以来一九九四年までの間に五三万立方メートルの廃棄物を受け入れて、満杯となった。五三万立方メートルの廃棄物を高さ六メートルに積み上げたときの面積は一辺三〇〇メートルの正方形の面積に等しい。ラ・マンシュの放射性廃棄物の処理場は巨大であり、硬式野球場グラウンド九個程度、あるいは総合運動公園の面積一杯に建てた高さ六メートルのセメント建造物に相当している。現在は、カテゴリーAに属する低レベル放射性廃棄物はオーブ県のスレヌに新しく開設された廃棄物処理場で地表埋設処理されている。スレヌの放射性廃棄物の処理場の容量は一〇〇万立方メートルであり、現在すでに八万立方メートルの低レベル放射性廃棄物を収容している。

二〇〇〇年の時点でフランスではカテゴリーA、B、Cの低、中、高レベル放射性廃棄物の総量は、おのおの八〇万立方メートル、六万立方メートル、三〇〇〇立方メートルである。カテゴリーAの低レベル放射性廃棄物の体積はA、B、Cカテゴリーの全放射性廃棄物の体積の九五％になるが、放射線量は全体の一％であると記載されている。この一％という値に注目したい。

ラ・マンシュの放射性廃棄物処理場に貯えられたカテゴリーAに属する放射性廃棄物の体積は五三万立方メートルであり、これはフランス人一人当たりにすると百分の一立方メートル、旅行バッグ一個程度である。第一章に述べられているイオン化線防護中央局局長ペルラン教授の表現を思い出そう。「一九七四年の時点では、放射性廃棄物の貯蔵には水の入った中程度の大きさの二つのプールで十分であろうと考えられており、その体積はフランス人一人当たりに換算してアスピリン一錠程度なので心配するには及ばない」とされていたのだ。

一九七四年以降に算出された放射性廃棄物の総量は、それ以前のものに比べて百倍程度になろう。しかし、カテゴリーAに属する放射性廃棄物中の放射性元素は全廃棄物中の総放射性元素の一％が含まれているのだから、現時点でのカテゴリーAの放射性元素の量はアスピリン一錠の百倍の百分の一、結局アスピリン一錠相当の筈である。しかし、現実にラ・マンシュの放射性廃棄物処理場に貯えられたカテゴリーAに属する放射性廃棄物の体積は一人当たり旅行バッグ一個分に相当しているのだ。旅行バッグ一個の体積はアスピリン一錠の体積の一万倍以上である。カテゴリーAに属する放射性廃棄物の体積は、ペルラン教授の見積もりよりも一万倍以上になっているのだ。ペルラン教授はなぜ誤った見積もりをしたのだろうか？　その理由は明瞭である。ペルラン教授は使用済み核燃料をそのまま貯蔵した場合について計算したのだ。しかし実際には、核燃料を燃やして原発を稼働する過程や、使用済み核燃料を再処理する過程において、いろいろの作業を行なった結果、総量は一定の放射性廃棄物は拡散して、その体積が一万倍となったのがカテゴリーAに相当する部分だということなのである。人間が作った廃棄物は人間の活動によって拡散するという当たり前ではあるが、重大な原則をペルラン教授は見落としていたのだ。

カテゴリーAに属する放射性廃棄物中に含まれる放射性元素は、全放射性廃棄物中の放射性元素の一%であることを使って、もう一つの概算を行なってみよう。フランスの放射性廃棄物は海外から搬入されたものを除いて、フランスの五八基の原発が約二十年稼働したことによって、すなわち約千原発・年の稼働によって生じたものであるが、そのうちの一%がカテゴリーAとしてラ・マンシュの廃棄物処理場に地表埋設されているのだ。換言すれば、ラ・マンシュの低レベルの放射性廃棄物の処理場にはおよそ原発一台が十年稼働して産出する放射性廃棄物に相当する量の廃棄物が貯えられていることになる。これは、チェルノブイリ炉が事故当時その内部に貯えていた二年間の稼働期間の死の灰の五倍相当である。ラ・マンシュの放射性廃棄物処理場は低レベルだとはいえ、その放射性物質の総容量は相当な量に達していることが理解されよう。ラ・マンシュの処理場の放射性廃棄物の中にはアルファ線放射体は少なく、その放射線核種は主としてベータ線放射体のストロンチウムやセシウムなどであろう。

これらの放射性元素の半減期は約三十年であり、少なくとも半減期の十倍、三百年間はこれらの放射性元素は処理場の中に漏れないで留まってほしい。しかし、この総合運動公園並みの大きさのセメントの廃棄物マンションが三百年間に亘って堅牢かどうか、チェルノブイリ炉の周りの石棺のようにぼろぼろになって地下水を汚染しないかどうか、また長期間にわたって累積する管理費がいくらになるかなど大いに心配である。

次にカテゴリーCの高レベル放射性廃棄物について述べよう。この放射性廃棄物を産出するのがラ・アーグの再処理工場である。使用済み燃料は、主としてウラン二三八、少量のプルトニウムの他に、核分裂により生じた放射性元素、中性子照射によって放射化した元素、プルトニウム以外の放射性トランスウラニウム元素が死の灰として含まれているので、きわめて高レベルの放射性を持つ。この使用済み燃料とその中に含まれている死の灰を強腐蝕性溶液によって溶解し、そのままステンレスの溶解槽中に数年間保存する。放射線量と発熱量が少しずつ減少するのを待つためである。それから乾燥し、粉末化し、この粉末を溶融ガラスの中に混ぜ込んで、ガラス固化された棒状とし、これを金属容器中に密閉し、最終的にはこれをセメントの穴の中に保管する。死の灰はガラス固化体の中でもまだ発熱を続けており、このために少なくとも三十年に亘って、ガラス固化体の空冷を続ける必要がある。

ガラス固化の技術はCEA（フランス原子力庁）が開発した世界の最先端の技術であるとされているが、その長期に亘る安全性については疑問の声が絶えない。どのような科学の理論や予想も、将来に亘る安全性をあらかじめ現在の時点で保証することができないのは自明である。科学の確実さは、理論の予想を実際の観測によって確かめることに拠り所を求め、実証することに根拠を置くものである。千年の期間に亘る安全性を保証するためには、少なくともその数倍の期間の安全性のデータが必要なのである。

ガラス固化体自体の安全性が問題であるが、これに加えて、このガラス固化体の保存の仕方は、以下に述べるように、まだその案さえ未定なのである。取扱いの基本操作の一部がまだ未解決のまま売り出される機器があるであろうか？　このような機器は、需要と供給のバランスの上に成り立つ自由な商品経済の機器ではないことが明らかである。原子力産業は結局、軍事産業か政治的産業なのだ。

このような批判を避けるためには、原発の産出する長寿命の放射性廃棄物の「処分」は原発推進者にとって緊急を要することになる。深地層埋設「処分」をしてしまえば、この問題の決着をつけてしまうことができる。原子力推進者たちは深地層埋設のための好条件が備わった場所を、秘密裏に探し始めていた。ドギオーム氏はこの辺りの状況から本書の書き出しを始めている。本書の中では深地層埋設の進捗状況や関連したいろいろの出来事が多くの箇所に散らばっているので、その経緯を年代順に簡単に纏めて、この本書が出版された後の状況をも補ってみよう。

フランスでは一九八三年には、放射性廃棄物の深地層埋設のための二〇カ所に及ぶ候補地を秘密裏に地図に記載していた。ところで、深地層埋設「処分」を住民に秘密裏に実施することはできない。作業があまりにも大きく、そして何よりも、秘密裏に実施したのでは「処分」は意味をなさないのだ。

一九八七年三月、遂に秘密の担当者が正体を表わす。ＡＮＤＲＡ（フランス放射性廃棄物管理庁）は、前記の候補地のうち異なった地層を持つ深地層埋設に好ましい条件を有する四カ所の地層を受け入れ可能地層として指定し、これを公表した。これらは、ローヌ・アルプ地方北部のエン県のブール・アン・ブレスなど南ブレス地方に広がる岩塩層（エン県のブレス岩塩層）、パリ北部のピカルディ地方のエーヌ県のモンコネル市など北シャンパーニュに広がる粘土層（エーヌ県の北シャンパーニュ粘土層）、フランス西部のロアール川下流域を占めるメーヌ・エ・ロアール県セグレ市近傍の片岩地層（メーヌ・エ・ロアール県セグレ市近傍の片岩地層)、および、フランス中部のドゥー・セーブル県ガティネ地方のパルティネイ市近傍のノービィ・ブアン村に広がる花崗岩層(ドゥー・セーブル県ノービィ・ブアン村の花崗岩層)である。これら四カ所の候補地を地図2に図示してある。

ドギオーム氏の説明にあるように、これら四カ所の候補地が発表されると、「望ましからぬ人物」達が立ち上がり各地で反対運動が起こった。メーヌ・エ・ロアール県アンジェ市では大規模な反対デモが組織され、これは日本でも大きく報じられた。ノービィ・ブアン村では農民と機動隊の衝突も起こった。これらの激しい反対運動を前にして、ANDRAは一九九〇年二月から一年間、四カ所の指定地の深地層埋設計画の凍結することを余儀なくされる。IPSN(原子核安全防護局)はクルーズ県のオーリア村で、将来の深地層埋設地とはしないと明言した上で、花崗岩層に掘削穴を掘り試験研究を行なっていた。ANDRAの深地層埋設計画の凍結に準じて、IPSNも同じ期間、オーリアのすべての試験調査活動を停止することを住民に約束していたが、この約束がきっちり履行されなかったことを怒った住民は掘削穴にセメントを流して、これを塞いでしまった。

このような事態の進展に対して、放射性廃棄物の深地層埋設処分を推進者は体制の立て直しをはかり、深地層埋設処分の法的根拠を求めることになる。第2章に述べられているように、高レベル放射性廃棄物処理の問題のみに関する法律が議会に上程・審議され、制定日を名称にした一九九一・一二・三〇法が制定される。この法律は説明担当者の名前を取ってバターユ法とも呼ばれている。

バターユ法では、問題のカテゴリーCのガラス固化体を最終的に「処分」する方法として、深地層処分、原子核種変換、地表または浅地層での長期中間貯蔵の三つを揚げている。深地層処分は一〇〇〇メートルに及ぶ堅牢で深い地層を選び、放射性廃棄物を究極的に埋設する案である。原子核種変換は半減期の極めて長いプルトニウムなどに中性子照射を行ない、半減期の短い他の核種に変換する案である。そして、地表・浅地層貯蔵は地表または浅い地層に放射性廃棄物を暫定的に貯蔵し、管理を継続する案である。三つのうち、深地層処分と地表・浅地層貯蔵についてはANDRAが、原子核種変換についてはCEAが担当して研究し、その結果を基に二〇〇六年までに最も有利な「処分」法を議会で決定することが、バターユ法には明記されている。また、この比較・研究を進めるために、粘土層と花崗岩層の地層に少なくとも二つの地下研究所を新しく建設することがこの法において要求されている。

バターユ氏は新たな地下研究所の候補地を決めるために各地を走り回り、候補地は何度も変更されるが、住民の反対は強く、本書が出版された一九九五年の時点ではその候補地は未定のままであった。その後の動向を付け加えておこう。

ＡＮＤＲＡは一九九八年十二月、ムース県ビュールの粘土層に地下研究所を建設することを決定したと発表した。毎年一〇億円以上と言う大規模な補助金に魅せられて、地元は候補地受け入れを認めたのである。一九九九年八月、フランス政府はＡＮＤＲＡに対してビュールの地下研究所を建設・操業を認める政令を公布している。しかし、ビュールの地下研究所に反対を表明する人は依然として多い。以来、フランスのみならず、ドイツ、ベルギー、イギリスを始め周辺諸国から何千人もの人々が集まって、地下研究所に反対する集会が何度も開催されている。日本からも、高レベルの放射性廃棄物の深地層埋設が取り沙汰されている岐阜県東濃町の人々がこの集会に参加したというニュースを聞いた。地元の「望ましからぬ人物」の元に、世界の「望ましからぬ人物」たちが連帯したのだ。今後の事態の推移に注目したい。

高レベル放射性廃棄物の深地層埋設を推進するＡＮＤＲＡなどの政府機関と住民が、十年以上の歳月をかけて、ようやく合意の妥協点に近付いているのではなかろうかなどと期待を寄せるべきではない。再度、ドギオーム氏の主張に立ち返りたい。ドギオーム氏は本書において、人間性の誇りの視点に立った時、放射性廃棄物の埋設を受け入れることは出来ないことをはっきりと断言し、主張している。この主張は年月の経過によって変化するものではなく、この点に関する妥協はありえないのだ。

本書においては、放射性廃棄物の埋設地として受け入れることは絶対に許せないのは、これが人間性の基本条件を抑圧するからであるとする理由が思想的に分析され、孤立化した現代の商品社会における人間性閉塞から自己を解放するためであることがきわめて鮮やかに、目の覚めるように語られる。この思想は、二〇世紀におけるあらゆる差別と抑圧の政治・社会体制の暗い陰から人間性を包括的に復活させる希望につながり、連帯を展望するものでもある。原子力社会に反対し、人間性を回復しようとして戦っているすべての世界の人々にとって、ドギオーム氏のメッセージは大変、心強いものであり、感激を禁じ得ないものが伝わってくるのだ。

バターユ法においては、高レベル放射性廃棄物のガラス固化体を最終的に「処分」する方法として、深地層処分、原子核種変換、地表・浅地層貯蔵の三つの方法を提起している。この三つの方法について訳者の意見を付け加えたい。

深地層処分は歯切れが良く、花崗岩層や粘土層が埋設候補となる。しかし、万年単位で地層の安全性を保証することは困難である。地震学が進んでも、近い将来どこに地震が確実に起きるかを予想することは全く無理であることを我々はよく知っている。万年単位の安定地層を探すことはそれ以上に困難なのだ。地震や地層の変化は確率的に起こり、長期間にわたる地層の変化はどこにでも起こっているのである。もし深地層埋設「処分」を断行するとすれば、安全か危険かを知るための実験を一か八かの覚悟でスタートさせるということに他ならない。もし、地下水の汚染などが発生することになれば、子孫たちにそのつけは回らざるを得ない。

原子核種変換についても一言しよう。プルトニウムなどの元素は半減期が長く、危険性が長期に及ぶので、これらの核種に中性子照射し、この核種に中性子捕獲を行なわせ、他の半減期の短い核種に変換させることが原子核変換の目的である。確かに中性子捕獲によって核種の変換が起こるが、このとき多数の核種が混じって発生し、そのうちの一番半減期の短い一つの核種のみに変換を限定することはできない。中性子捕獲は多数の核種の混合体を作り出すことは明らかであり、その内には長い半減期を持つ別の核種が混じっているのだ。結局、再処理して純化したプルトニウムは、再度多数の放射性元素が混合した放射性廃棄物となる。これは極めて高価につく中性子照射を行なって、賽の河原で石の分別作業を繰り返すような愚行となるのは明らかである。

アルファ線放射核種が長い半減期を持つと言う厄介な困難は、原子力の科学技術からは切り離せない鎖であり、この困難を先端技術によって回避することは出来ない。先端技術がアラジンの壷であるかのように期待を寄せることは間違っており、危険でもある。過酷な生命の条件に押し潰されそうになったときアラジンの壷を夢想したくもなるが、それは夢想であり、科学の条件と人間の条件を無視したお話しに過ぎないのだ。科学の条件を回避するために科学技術を用いて迂回の道を敷設しようとすれば、そのために無駄な石油の大量消費が起こるに過ぎないであろう。

結局、地表・浅地層貯蔵が残ることになる。一か八かで最終的埋設をするのではなく、埋設状態を監視し、必要に応じて埋設条件の手直しを行ない、必要な処置を行なおうとする「可逆性のある埋設」が問題になっている。しかし、これは最終的な「処分」は行なわないとするものであり、いかにも歯切れが悪い。しかし放射性廃棄物の「処分」には、歯切れの悪さは付き物であり、いかんともし難いのである。

こうして、ラ・アーグとマルクールの再処理工場には、ガラス固化体三三〇〇体が行き所が未定のまま溜められている。日本には一三〇体のガラス固化体が返却されており、これらは六ヶ所村の貯蔵所に暫定的に貯蔵されているが、その最終的「処分」の行き先も同様に未定である。ラ・アーグ再処理工場とマルクール再処理工場には、外国の使用済み燃料や軍事用の使用済み燃料が、民事（発電）用の使用済み燃料と混じっており、その明細は発表されていない。

もう一つのカテゴリーBに属する中レベル放射性廃棄物については、他のカテゴリーとは異なる独自の「処分」の記述がすくない。少なくとも部分的には、カテゴリーAとカテゴリーBの放射性廃棄物は同じ「処分」がなされているのではないかと思われるが、はっきりしていない。

5 最近のフランス原子力状況の大きな変化

フランスの原子力状況は最近大きな変化があった。一九九七年六月、社会党ジョスパン首相は高速増殖炉スーパーフェニックスを閉鎖すると発表したのである。かくて、フランス原子力推進の威信のシンボルであった原子力の「超不死鳥」は死んでしまった。

一九九七年六月のフランスの総選挙では、社会党・緑の党・共産党の連立が勝利したが、この勝利を前に社会党と緑の党はスーパーフェニックスの閉鎖の方針に合意しており、ジョスパン首相の閉鎖の発表はこの合意に基づいてなされたものであった。即ち、スーパーフェニックスの閉鎖は間接的ではあるが、フランス人の多数の意を得ているのである。

建設に反対して集まった六万人の人々を実力で排除してスタートしたスーパーフェニックス「超不死鳥」は一九八六年の稼働開始以来、重大事故が続き、十年間を通じた平均稼働率は一〇％以下であり、まだ、まともに飛び上がってもいなかったのだ。このスーパーフェニックスを閉鎖することを、フランス人は選択したのである。この快挙を祝福したい。

日本では、原発の問題を選挙の争点としてまともに取り上げることは、推進の立場からも反対の立場からも、各々の反対票を恐れて避けられることもある。ドギオーム氏の言葉を使って表現すれば、これは「権力者の専制による主体の屈服」に伴って起きた「判断能力の萎縮」、「言語の喪失」、「共同体意識の放棄」であろう。

フランスでも原子力問題に関して、このような状態が長い期間にわたって支配していた。この閉塞状態の克服と再生をかけて、人間性の尊厳の回復をかけて、フランス人は「否」の意向を表明したと解釈したい。

しかしジョスパン首相の声明をこのように理解して喜びに湧く人々のニュースは伝えられて来ない。逆に、ジョスパン氏の声明が経済停滞と失業をもたらすことを恐れる声が伝わってくる。しかし、これは推進者の巻き返しのキャンペーンと言うべきものである。フランス人全部が目先の景気だけに関心を持ち、ドギオーム氏の言う「経済のことしか頭にない人種」になってしまうほどの経済的かつ精神的な飢餓状態に陥っているとは考えられない。ジョスパン首相の声明には、基本的に、原子力の閉塞状態からの克服と再生、人間性の尊厳の回復への意思と希望とがあると考える。

スーパーフェニックスの閉鎖は単一の出来事ではなく、総合的な波及効果を当然持つものである。高速増殖炉と使用済み核燃料の再処理は、核燃料サイクルの両輪としての意味を失う。高速増殖炉が閉鎖された以上、使用済み核燃料再処理もまちがいなく後退を余儀なくされる。使用済み燃料を再処理せず、そのまま直接貯蔵することがすでに取り沙汰されているようである。この処分が「処分」のうちで最も妥当な「処分」であろう。賽の河原で繰り返して石の分別作業をすることを避けることは、余分のコストを押さえ、また、放射性元素の余分な散逸を避けることになるからである。

フランスで脱原発が一気加勢に進行するとは期待できないのは事実であろう。何しろ、今までの大きな惰性がある。原子力により利潤がひとりでに「高速に増殖」すると信じて、大資本を投入した人々は今までの利潤だけで諦めるわけがない。きっと大規模な巻き返しの試みが行なわれるであろう。二〇〇〇年五月、緑の党・反原発のヴォワネ環境相は、ビュールの地下実験所の建設認可に、不本意ながら署名せざるを得なかった。

今後のフランスの原子力の動向に注目したい。そして、日本でも新しい原子力の動きを作り出したい。

訳者あとがき

Postface par le traducteur

もう二年近く前になるが、本書の訳者の一人、桜井は本書のもう一人の訳者ル・パップ氏からの郵便小包を受け取った。小包の中にはドギオームさんの書いた原著書が入っており、ぜひ読んでみるようにとのル・パップさんの勧めの手紙が添えてあった。私は辞書を片手にその本を少しずつ、読み始めた。すぐに私はこの本に強い興味を抱き、これを翻訳したいと思い始めた。私は試みの訳文を作り、ル・パップ氏に送った。彼は富山まで来てくれ、我々二人は雪深い過疎山村の利賀村（国際演劇村の活動で知られている）に行き、廃校になった小学校を改造した生協宿舎に宿泊して、夜遅くまで翻訳文を改良に努め、また、ル・パップ氏はハンナ・アレントの思想や、広瀬隆の『赤い盾』について解説して、私を啓発してくれた。楽しい思い出である。

私は、一応完成した訳文の出版を緑風出版に相談したところ、幸い承諾の意が得られた。以前、私はベルベオーク夫妻著の『チェルノブイリの惨事』の翻訳を同じ緑風出版から出版してもらったが、その続きとなった。ドギオームさんの著書の出版者との連絡には時間がかかったが、これも完了した。その後も、訳文の改良を繰り返した。

ここでもう一度、この著書をごく簡単に紹介しよう。冒頭から、原発の推進者と、放射性廃棄物の深地層埋設計画者の無節操、低いモラル、偽瞞が徹底して批判されているが、これはためにする攻撃ではなく、確固とした著者の信念であることが感じられる。そして、原発を黙認し、放射性廃棄物の深地層埋設に反対の声を上げないで、体制に順応する者たちの考え方を分析して、これは資本主義社会の消費文化に特有な自己疎外であり、虚像を追う映像の社会における言語の喪失の特徴であることを主張する。さらに、このようなみじめな状態に置かれた自分の姿をひるまずに直視し、人間が持つ本来の可能性と限界とを自覚することによって、言語を回復し、立ち直り、自己疎外から脱出し、人間性を回復することができることを主張し、古代ギリシャ人達のような人間性に対する深い理解を再び呼び戻そうとして、我々に連帯のメッセージを伝えようとしている。

私はこの著書を何度も繰り返し読む度に、新たな感激を得たことを書いておきたい。もし教条的な主張であれば繰り返して読む気も起こらないし、繰り返して読んでも感激が湧かない。著者の人間性にたいする理解はきわめて深く、それ故に、自己疎外と閉塞をもたらせる原発に対する怒りは激しく、その意気込みと感動が伝わってくるのだ。

この著書において、原発の放射性廃棄物のフランスにおける処理計画の経緯は断片的にいろいろの箇所に分散しており、その全体的な経緯を理解するのは、この著書では容易ではない。フランスの読者を対象にこの本は書かれているのだ。そこで、訳書に「フランスの原子力と放射性廃棄物『処分』の現状についてのノート」という題名の解説文を付け加えて、原発と放射性廃棄物について歴史的な経緯をまとめ、その問題点について自然科学的な立場からの理解と批判を加え、広瀬隆のフランス原発に対する解釈等々についても言及した。また、初めて聞くフランスの地名が突然に話題にされると、その話しについて行けなくなる。この点を少しでも補うために、訳書の冒頭に地図を載せて、話題にされる原発や廃棄物埋設候補地の地名と所在を示すことにした。

緑風出版の高須次郎さんにはフランス語の誤訳を何箇所も指摘して頂き、また訳書を改良するためのいろいろの示唆を受けた。感謝いたします。

桜井　醇児

〈著者紹介〉

マルチーヌ・ドギオーム　Martine Deguillaume

1954年生まれ。10年間医学に従事した。フランスでチェルノブイリ原発事故後に流布された偽りの情報に憤慨して、真実を知り理解をより深めるためにGSIENおよびCRII RADのメンバーとなった。3回にわたってウクライナとベラルーシに調査を行ない、また高レベル放射性廃棄物の埋設地についての闘争に10年間加わった時点で、本書を書いた。

〈訳者紹介〉

桜井　醇児（さくらい　じゅんじ）

1936年生まれ。専門は低温、磁性など物性物理学の実験。ベルベオーク夫妻著の『チェルノブイリの惨事』（エディション・アリア、パリ、1993年、緑風出版、1994年）を訳した。富山大学理学部教授。

ル・パップ・ジャン＝ポール　Le Pape Jean=Paul

1947年生まれ。大島渚著の『解体と噴出』を仏訳した。訳書はDissolution et jaillissement、Cahiers du Cinema Gallimard、1980年。1977年から大阪在住。関西大学常勤講師。

核廃棄物は人と共存できるか

2001年11月5日　初版第1刷発行　　定価1700円＋税

著　者　マルチーヌ・ドギオーム
訳　者　桜井　醇児、ル・パップ・ジャン＝ポール
発行者　高須次郎
発行所　緑風出版©
〒113-0033　東京都文京区本郷2-17-5　ツイン壱岐坂
［電話］03-3812-9420　［FAX］03-3812-7262
［E-mail］info@ryokufu.com
［郵便振替］00100-9-30776
［URL］http://www.ryokufu.com/

装　幀　堀内朝彦
写　植　R 企 画
印　刷　モリモト印刷　巣鴨美術印刷
製　本　トキワ製本所
用　紙　大宝紙業　　E1250

Printed in Japan　　ISBN4-8461-0113-4　C0042

チェルノブイリの惨事

ベラ&ロジェ・ベルベオーク著／桜井醇児訳

四六判上製
二一二頁
2400円

現在も子供たちを中心に白血病、甲状腺癌が激増し、死亡者が増大している。当局の無責任と国際的な被害隠しがこうした深刻な事態を増幅しているのだ。事故から93年までの恐るべき事態の進行を克明に分析した告発の書。

ドキュメント　チェルノブイリ

松岡信夫著

四六判並製
三六六頁
（グラビア一六頁）
2500円

チェルノブイリ原発事故は、語られ論じられるほどには情報が少なく、その全体像がわかりにくい。本書はソ連国内の各紙誌を原資料として事故の全過程とその影響が深刻化する2年間の動きを忠実に追ったドキュメント。

高圧線と電磁波公害［増補改訂版］

高圧線問題全国ネットワーク編

四六判並製
二八〇頁
2200円

パソコンや携帯電話・PHSの電磁波の身体への影響が問題となっている。また超高圧送電線下では子供に大きな影響がでるという。がん発生率増加を明らかにしたカロリンスカ研究所報告全文掲載の旧版に最新情報を増補・改訂。

プロブレムQ&Aシリーズ

電磁波はなぜ恐いか［増補改訂版］

［暮らしの中のハイテク公害］

天笠啓祐著

A5判変並製
一八一頁
1700円

電磁波でガンになる!?　家庭や職場、大気中に飛びかう電磁波がトラブルを起こしている。電子レンジ、携帯電話・PHS、OA機器の人体への影響は？　医用機器、AT車などの誤作動との関係は？　最新情報を増補・改訂。

死の電流

ポール・ブローダー著／荻野晃也監訳、半谷尚子訳

四六判上製
四四〇頁
2800円

高圧線やVDTから発する電磁波はガン発生等健康への脅威だ――告発する科学者と隠蔽する米国政府・産業界との闘い。科学ジャーナリストである著者が電磁波の危険性を世界に先駆けて提起した衝撃のノンフィクション。